KB057368

자양강장

건강 보양식 먹거리 365

편저 대한건강개선섭식연구회

법문 북스

머리말

보약이 따로 없다. 밥이 보약이고 음식이 보약이다. 밥은 우리 몸의 필수 에너지원이며, 이와 함께 먹는 여러 가지 음식은 신체의 건강과 균형을 유지시켜 준다. 인간은 음식을 통해 생명을 유지하고, 삶을 사는데 필요한 영양분을 공급받는다. 따라서 음식을 균형 있게 잘 섭취 하는 일이야말로 건강 장수를 누리는 첩경이다.

요즘 인기를 누리는 TV 요리소개 프로를 보면, 우리몸에 보약이 되는 음식에 대해서 아주 잘 설명해 보여주고 있다. 이 프로는 '한국인이 꼭 먹어야 할 10가지 식품'으로 마늘, 콩, 고등어, 호두, 부추, 보리, 버섯, 김, 달걀, 풋고추를 선정했다. 이들 식품들은 질병을 예방하며 노화 방지와 시력 보호 및 두뇌 개발, 면역력 강화 등 성장을 촉진함과 동시에 비만을 막는 다이어트 효과에 최고로 좋다는 것이다.

한편 타임지는 '세계 10대 건강 음식'으로 다음과 같이 발표했다. 다이어트와 아름다운 피부를 가꾸기 위한 건강 음식으로 토마토, 시금치, 견과류, 브로콜리(양배추), 귀리(또는 보리)를 선정했으며, 질병을 예방하고 함암·항바이러스 효과에 좋은 음식으로 마늘, 녹차, 적포도주, 연어(또는 고등어), 블루베리(또는 가지) 등을 선정했다.

음식과 건강은 불가분의 관계이다. 그러나 단지 '몸에 좋다'는 말만 듣고 마구잡이로 먹으면 신체나 건강에 불균형을 초래하기 쉽다. 먹는 것만으로도 질병의 예방과 치료가 되는 음식이 있고, 질병에 따라서 약을 복용하듯 음식을 가리고 따져가며 섭생해야 하는 경우가 있다. 우선 각자의 체질이나 환경 및 계절적으로 잘 맞는 음식을 섭취해야 한다.

예를 들어 봄에는 신선한 채소나 봄나물을 챙겨 먹는 것이 좋다. 겨울이 지나면서 비타민이 결핍되었기 때문이다. 여름에는 열매(과실) 따위의 음식이 좋다. 여름날 피부는 열이 오르고 뜨겁지만 오장육부는 오히려 차가운 상태가 되기 때문이다. 그래서 찬속을 따듯하게 데우고 채워주는 여름 음식으로 과실류가 제격이다. 가을에는 우리 몸의 영양분을 채울 수 있고 기력을 돋우어주는 곡식류를 많이 섭취하는 것이 좋다. 마지막으로 겨울에는 해조류, 어류 등으로 보양을 하고 영양의 균형을 취해야 한다.

이 책은 우리 밥상에 일반적으로 올릴 수 있고 손쉽게 요리할 수 있는 135가지의 '보양이 되는 음식'을 소개하고, 그 구체적인 효능 및 요리이름과 만드는 법을 간략하게 설명했다. 그리고 특히 우리 주위에서 손쉽게 구할 수 있는 한약재를 이용한 '한방요법'란을 첨부하여, 각종 질병을 예방하고 보양할 수 있는 방법을 소개했다. 자신과 가족의 건강을 스스로 도모할 수 있는 건강 지침서로 크게 활용되었으면 한다.

2019년 10월

편저자

차 례

차 례

차 례

차 례

차 례

차 례

차 례

차 례

자양강장

건강 보양식 먹거리 365

약이 되는 가정요리 135가지

성인병을 다스리는 한방요법

해설 및 만드는 법

허를 보호하고 기를 증진시켜 주는 가자미

가자밋과의 바닷물고기이다. 깊은 바다 속에 살고 몸길이가 1.5cm에서부터 큰 것은 3m 가까이 되는 것도 있다. 몸이 납작하고 두 눈은 오른쪽에 몰려 붙어 있으며, 넙치보다 몸이 작다. 겨울철에 남해안에서 잡히는 것이 맛이 좋다.

보약 효능

몸이 허虛한 것을 보한다. 기력을 증진시키는 식품으로, 예부터 함경도에서는 가자미식해(가자미젓)라 하여 가자미를 삭힌 특유의 음식으로 입맛을 돋우고 추위를 피했다. 단백질 · 지질 · 당질 · 회분이 함유되어 있다.

가자미 식해

보약 음식으로 만드는 궁합 재료

① 가자미 1상자(중간 크기 30마리 정도)
② 굵은 소금 1되, 7홉 정도의 조밥, 무 5개(중간 크기), 고춧가루 1kg
③ 큰 항아리(김장독이나 질그릇 독도 좋다)

만드는 법

1) 싱싱한 가자미를 소금물에 두세 번 헹군 다음, 지느러미를 제거하고 몸에 칼집을 낸다.
2) 준비된 가자미를 큰 그릇에 담아 많은 소금으로 버무린다.
3) 버무린 가자미를 물기 뺀 항아리에 담고 그 위에 소금을 뿌린 후 그늘진 곳에서 1주일 정도 보관한다.
4) 2~3일 뒤에 무를 적당한 크기로 썰어 2~3일 정도 말린다. 조밥은 가자미를 버무리기 전에 고슬고슬하게 짓는다.
5) 1주일 정도 지나 가자미가 약간 삭혔을 때, 말린 무, 조밥, 고춧가루를 가자미와 함께 골고루 섞는다.
6) 골고루 섞은 가자미를 다시 항아리에 담은 후 꼭꼭 눌러 준다.
7) 주둥이를 무명 조각으로 감싸고 다시 1주일 정도 삭힌 후 작은 그릇에 나누어 밀봉하여 냉장 보관한다.

열을 내리고 해독 작용을 하는 가지

가짓과의 한해살이풀로 높이 60~100cm이고 전체에 털이 있다. 잎은 어긋나고 6~9월에 백색 · 담자색 등의 꽃이 피고, 자줏빛 열매를 맺는다. 인도 원산으로 온대 · 열대에서 재배한다. 열매를 흔히 찬거리로 쓴다.

보약 효능

가지에는 혈중 콜레스테롤 수치를 낮추는 성분이 함유되어 있는 것으로 최근 임상 시험에서 밝혀졌다. 복통이나 소변이 시원하지 못한 증상, 장풍腸風에 의한 하혈, 종기 · 부스럼 증상을 개선시키는 등 몸의 열을 내리고 해독 작용을 한다.

가지소박이찜

보약 음식으로 만드는 궁합 재료

① 가지 3~4개
② 풋고추 2~3개, 붉은 피망 1/3개, 표고버섯 3~4개, 녹말가루 약간, 소금 약간
③양념장(진간장 2~3 큰술, 참기름 1 작은술, 깨소금 1 큰술, 고춧가루 1 작은술)

만드는 법

1) 가지(중간 크기)를 3~4cm로 자른 다음 단면(넓은 면)에 열십자로 칼집을 낸다.
2) 풋고추와 피망, 표고버섯을 곱게 다진다.
3) 양념장을 만들고 다진 재료를 잘 섞는다.
4) 칼집 낸 가지 속에 다진 재료를 꽉차게 넣는다.
5) 그릇에 물(반 컵)을 붓고 소금으로 간을 한다.
6) 준비한 재료를 넣고 끓으면 다시 약한 불로 2분 정도 쪄서 낸다.

● 한방 요법

◐ 입 안 염증〈가지꼭지 달인 물〉-입 안에 염증이 생겼을 때, 그늘에서 말린 가지 꼭지 5~6개를 물 4컵에 넣고 반량이 되도록 달인 물에 굵은 소금을 조금 넣어 목 안을 몇 번 헹구어 낸다. 약간 따끈한 물로 한다.
※ 기침을 할 때는 사용하지 않는 것이 좋다.

수면제 역할과 주독을 풀어 주는 감

감나뭇과에 속한 갈잎 큰키나무로서, 높이 6~14m에 이른다. 잎은 길둥근 모양에 어긋난다. 초여름에 담황색의 꽃이 피고 열매는 가을에 등황색 또는 붉은 빛으로 익는다. 열매에 타닌이 들어 있어 떫으나 가을에 익으면 달게 된다.

보약 효능

본초강목本草綱目에 보면, 수면제 역할을 하고, 오줌싸개를 치료하며, 딸꾹질을 멈추게 하는 효능이 있다고 한다. 또한 주독酒毒을 풀어 주고, 이질 · 치질 · 임질에 효과가 있으며, 피부 미용에 좋고 피부 질환을 다스린다. 정액을 양생해 주기도 한다.

감잎차

보약 음식으로 만드는 궁합 재료

① 감잎(비타민 C가 풍부한 7~8월에 채취한 것)
② 물 적당량

만드는 법

1) 감잎사귀를 응달에 2~3일간 말린다.
2) 말린 감잎의 주맥을 떼어낸 뒤 3㎜ 정도의 가는 폭으로 옆으로 썬다.
3) 솥에 물을 끓이면서 찜통을 돌려 놓아 우선 따뜻하게 한다.
4) 찜통이 더워지면 감잎을 3㎝ 가량 두께로 재빨리 넣고 뚜껑을 닫고 1분 30초 가량 찐다.
5) 뚜껑을 열고 쪄진 감잎을 꺼내 잎사귀에 괴어 있는 물방울을 증발시키기 위해 부채로 30초 가량 부친다.
6) 다시 한번 찜통에 넣고 뚜껑을 닫은 후 1분 정도 더 찐다.
7) 쪄진 감잎을 꺼내 바람이 잘 통하는 응달에 말려 습기가 완전히 제거되면 손으로 비벼 잘게 부순다.

※ 감잎 분말을 1회 5g씩 뜨거운 물에 우려 내어 먹거나, 옥파를 잘게 썰어 삶은 물에 잠갔다가 먹어도 좋다.

※ 감잎은 약산성이기 때문에 알칼리성 음료나 다른 약초 차와 함께 마시는 것은 금물이다.

육류의 지방 흡수를 막고 다이어트식으로 좋은 감자

가짓과의 여러해살이풀이다. 높이 60~100cm로 잎은 겹잎이고 초여름에 흰색 또는 자주색의 통꽃이 줄기 끝에 핀다. 땅속 줄기의 일부가 덩이를 이루는데, 녹말이 많아 주식 또는 부식으로 널리 쓰인다.

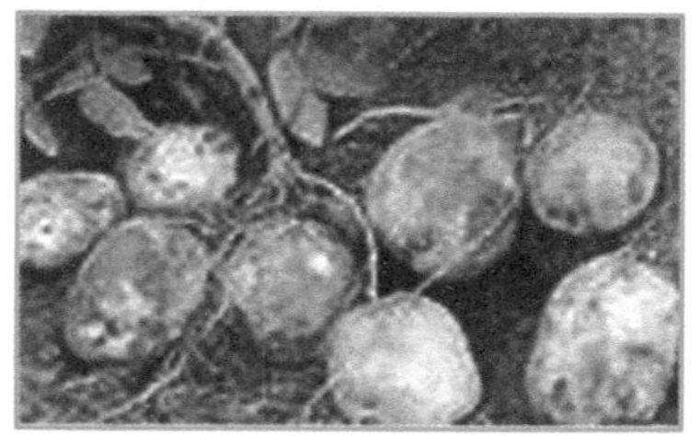

보약 효능

감자에는 단백질, 섬유질, 지방, 비타민 B, C 등이 함유되어 있어 변비를 예방한다. 호남약물지湖南藥物誌에 의하면, 감자는 중기中氣(사람의 속 기운)를 보하고 비장(지라)과 위장을 튼튼하게 하며 소염 작용이 있다고 한다.

감자 생즙

보약 음식으로 만드는 궁합 재료

①감자 1개
②당질, 식물성섬유가 함유된 채소류(당근 1/2개, 오이 1/2개, 셀러리 30g, 사탕무 30g)

만드는 법

1) 감자의 껍질을 벗긴 다음 깨끗이 씻어 큼직큼직하게 썬다.
2) 오이와 당근을 껍질째 길게 썰고, 셀러리와 사탕무를 적당한 크기로 썬다.
3) 재료를 모두 믹서에 넣고 한꺼번에 갈아 마신다.

● 한방 요법

- 눈병〈생감자즙〉-눈병에 걸렸을 때는 생감자를 강판에 갈아 거즈에 고르게 펴서 바른 다음, 눈에 대고 안대로 고정시킨다. 눈이 짓무른 데, 눈곱이 끼며 충혈된 눈에 효과가 있다.
- 동상에 걸렸을 때-감자를껍질째 썬 다음, 약간의 소금을 뿌려 두어 거기서 스며 나오는 물로 환부를 잘 씻어주면 동상이 단번에 낫는다고 한다.

장염 환자, 저혈압증에 효과 감초

콩과의 여러해살이풀이다. 줄기는 모가 지며 잎은 어긋나고 여름에 남자색 꽃이 핀다. 뿌리와 줄기를 약재로 사용한다. 흔히 '약방의 감초' 라고 하듯, 한약재로 빼놓을 수 없다. 다른 약의 약리 작용을 순하게 하므로 모든 한약재 처방에 널리 쓰인다.

보약 효능

담痰(가래)을 없애는 데 효능이 있다. 특히 약제의 불쾌한 맛과 냄새를 없애기 위하여 넣는 약으로 사용된다. 위장의 대장균 번식을 억제하므로 장염을 완화한다. 해열에 효과가 잇고 인후염 · 기관지염 · 편도선염 · 결막염 등 광범위하게 활용된다. 최근에는 저혈압증에 효과가 있다는 임상보고가 있다.

감초차

보약 음식으로 만드는 궁합 재료

① 감초 10~15g

만드는 법

1) 물 600㎖에 감초를 넣고 끓인다.
2) 끓은 다음 불을 줄여 약한 불로 은근히 오랫 동안 달인다.(약 1시간 정도)
3) 건더기를 걸러내고 달인 물만 따라서 마신다.
4) 설탕이나 꿀을 타서 마셔도 좋다.

● 한방 요법

- 감초는 황기, 인삼과 같이 기(氣)를 보하는 효능에서 동일하다. 그러나 황기는 체내의 기를 보하고, 인삼은 원기를 보한다. 감초는 인삼과 황기 사이에 위치하면서 기를 조화시킨다고 할 수 있다.
- 황기를 약재로 쓸 때 심장 질환의 완화에는 날것을 사용하고, 비위나 간장, 장염에는 구워서 쓴다.

중풍으로 인한 마비 증세, 이명증에 효과 겨자

십자화과의 한해살이 또는 두해살이풀이다. 키는 약 1m이고 잎은 어긋나며, 무잎 비슷하게 갈라지고 끝이 톱니 같다. 봄에 십자 모양의 노란 꽃이 핀다. 씨는 몹시 작지만 맵고 향기로워 양념과 약재로 쓴다. 잎과 줄기도 먹는다. 밭에 가꾼다.

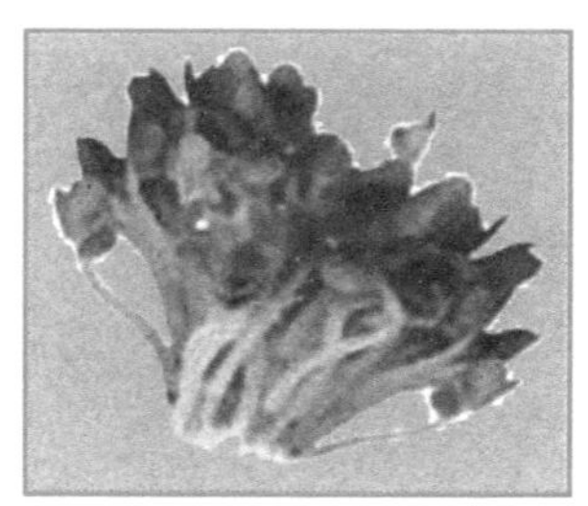

보약 효능

중풍에 의한 마비 증세, 또는 전신마비를 다스리는 데 좋은 약재이다. 반신불수에는 겨자씨 가루를 식초에 개어 마비된 쪽의 몸에 바르고 한잠을 자고 나면 효과를 볼 수 있다. 갑자기 귀가 멍멍하고 안 들리는 이명증과 기침이 심한 데, 폐렴에도 특효가 있다.

겨자선

보약 음식으로 만드는 궁합 재료

① 겨자초장 적당량
② 배추 · 무 · 돼지고기 · 편육 · 전복 · 해삼 · 다시마 · 배 · 밤 · 대파
③ 초장 재료, 꿀, 깨소금 등 양념 적당량

만드는 법

1) 겨자초장을 만든다.(초장에 다진 마늘, 다진 파, 식초, 후춧가루를 넣은 것)
2) ②의 재료를 전부 깨끗이 씻고, 깎고 다듬어 먹기 좋을 만큼 잘게 썬다.(돼지고기 · 편육 · 다시마는 삶은 것, 나머지는 날것으로 써도 된다)
3) 모든 재료에 겨자초장을 넣고 버무려 꿀 · 깨소금 등으로 양념하여 낸다. 기호에 따라 겨자를 가감한다.

● 한방 요법

- 치아 뿌리가 썩어 냄새가 날 때-겨자를 통째로 불에 태워 가루를 내어 염증 부분에 바르면 곧 낫는다.
- 치질이 심할 때-겨자씨를 곱게 가루를 내어 꿀로 개어서 환부에 바른다. 반나절 정도 지나면 갈아 준다.
- 중풍으로 인한 마비 증세-겨자씨 달인 물을 식전에 1컵씩 복용하면서, 그 가루를 식초에 개어 마비 부분에 바르면 효과가 있다.

시력을 증진시키고 변비에 효과 좋은 결명자

콩과의 한해살이풀로 높이 1m 정도이다. 깃꼴겹잎이며 여름에 노란 꽃이 핀다. 씨를 '결명자決明子'라 부르며 한약재로 쓰인다. 특히 눈에 좋다 하여 차로 끓여 먹는다.

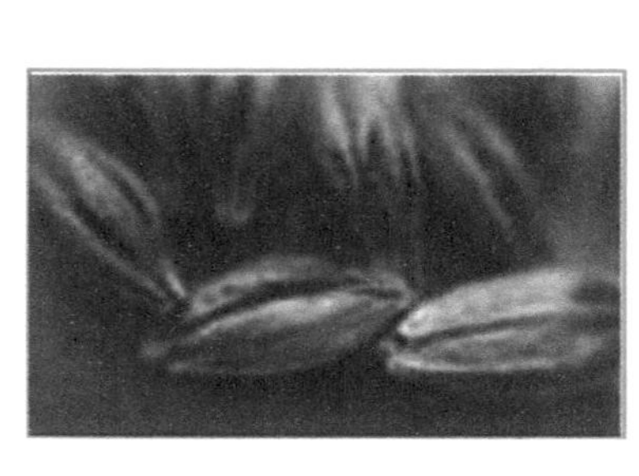

보약 효능

결명차는 이름 그대로 시력을 좋게 하는 데 쓰인다. 또 혈압을 내려주고 현기증, 만성변비, 노인성 변비에도 효과적이다. 눈이 충혈되며 눈물이 나고, 눈이 흐릿하여 안 보이는 증상에 많이 사용된다. 혈압을 내리고 혈중 콜레스테롤 수치를 저하시키는 작용 및 병균에 대한 저항력과 배설 작용이 뛰어나다는 사실이 최근 연구 보고되고 있다.

결명자차

보약 음식으로 만드는 궁합 재료

① 결명자 20~30g

만드는 법

1) 물 600㎖에 결명자를 넣고 끓인다.
2) 끓기 시작하면 불을 줄인 후 은근하게 오랫동안 더 달인다.(약 1시간 정도)
3) 건더기는 버리고 물만 따라 마신다.
4) 기호에 따라 설탕이나 꿀을 타서 마셔도 된다.

한방 요법

- 여성 변비-변비는 특히 여성에게 많은데, 경증이면 매일 결명자차를 마시면 큰 효과가 있고, 중증이면 결명자에 꿀이나 대황을 넣고 달여서 1일 3회씩 마시면 좋다.
- 혈압이 낮은 사람은 삼간다.
- 결명자를 반드시 볶아서 사용해야 비린내가 없다.

원기와 양기를 보하며 냉증을 다스리는 계피

계피桂皮는 계수나무의 껍질을 벗겨 말린 것이다. 향료 · 향수의 원료 및 생약으로서 건위 · 발한 · 해열 · 진통 등에 쓰인다. 계수나무는 녹나뭇과의 늘푸른 큰키나무로서, 가을철에 단풍이 아름답고 개화기에 향기가 있어 관상용으로 많이 심고 있다.

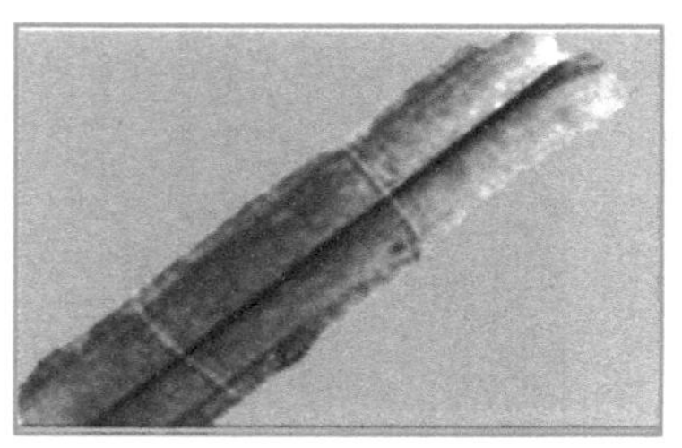

보약 효능

원기와 양기를 보한다. 사지가 냉하고 맥박이 허약한 증상이나 양기가 시들어 허탈해진 데, 복통 설사, 허리와 무릎이 냉하고 아픈 증상에 효과가 있다. 월경이 잘 안 나오거나 냉이 심한 경우 등 냉증을 다스리는 데 효험하다.

계피삼계탕

보약 음식으로 만드는 궁합 재료

① 계피 1.5g
② 닭 1마리(중닭 이상)
③ 찹쌀 1컵(200cc 정도), 대추 3~4개, 인삼 1.5g, 마늘 2통, 생강 1통
④ 후추, 소금 등

만드는 법

1) 닭의 뱃속을 말끔히 들어내고 깨끗이 씻는다.
2) 뱃속에 재료를 넣고 다리를 실로 묶어 찹쌀 등이 나오지 않도록 한다.
3) 솥에 닭을 넣고 닭이 잠길 정도로 물을 붓고 센불에서 끓인 후 약한 불로 2~3시간 달인다.
4) 푹 고은 닭을 뚝배기에 옮기고, 기름을 걷어낸 육수를 부어 5분 정도 끓이다가 파, 소금, 후추 등을 넣고 간을 맞춘다.

한방 요법

- 감기 초기의 발한, 해열〈계지탕桂枝湯〉-계수나무의 가지 4g 정도와 작약, 대, 생강 각 4g, 감초 2g을 물 400㎖에 넣고 달여서, 따뜻할 때 하루 3회 복용하면 좋다.

위에 이롭고 장을 튼튼하게 해주는 고추

가짓과의 한해살이풀이다. 남아메리카 원산. 높이 60cm 정도이고 여름에 흰 꽃이 잎겨드랑이에 하나씩 달린다. 길둥근 열매가 처음에는 녹색이나 익으면 빨갛게 된다. 어린잎과 열매를 식용하고 익은 열매는 빻아서 양념으로 쓴다.

보약 효능

식물본초食物本草에 의하며 "고추는 맛은 맵고 성질이 더우나 독은 없다"고 되어 있다. 소화에 도움이 되고 맺혀진 기를 풀며 위장을 소생시켜 입맛을 돋게 하는 것은 물론 비린내와 여러 독소를 해독한다는 것이다. 특히 고추는 위가 냉하고 식욕이 없으며 소화불량, 헛배가 부른 증상에 효과적이다.

영양고추기름

보약 음식으로 만드는 궁합 재료

① 빨간고추 1근(600g)
② 콩기름이나 낙화생기름 또는 면실유 3근(1.8kg)

만드는 법

1) 빨간고추를 썰어 곱게 으깬다.
2) 기름을 솥에 붙고 끓인다.
3) 기름이 끓어 연기가 나기 시작하면 으깬 고추를 모두 솥에 넣는다.
4) 10분 정도 후(고추가 까맣게 탈 즈음) 까맣게 탄 고추를 내려 놓아 식힌다.
5) 다 식은 다음 검게 탄 고추를 건져낸 뒤 기름을 큰 병에 담아 두면 오래 두어도 상하지 않는다.

※ 날고추나 고춧가루를 먹는 것은 고추기름을 먹는 것만 못하다. 고추기름은 영양이 있고 위를 튼튼히 할 뿐만 아니라 각종 요리에 쳐서 먹어도 향기롭고 맛이 난다.

※ 풋고추와 고춧잎은 비타민 C의 보고이다. 감귤류의 2배, 사과의 50배나 된다.

※감기에 걸렸을 때-고춧기름 찻숟가락 1술, 대파 흰 부분 1개, 생강 작은 것 1개를 함께 찧어 끓인 물에 타 복용하면 땀이 나서 금방 효과를 본다.

강정제로 유명, 무릎통증에도 좋은 구기자

구기자나무는 가짓과의 낙엽떨기나무로서, 줄기는 가늘고 가시가 있다. 여름에 자줏빛 꽃이 피고 초가을 고추 비슷한 빨갛고 작은 열매(구기자)를 맺는다. 어린잎은 나물로 먹고 열매와 뿌리는 차를 달여 먹거나 약용한다.

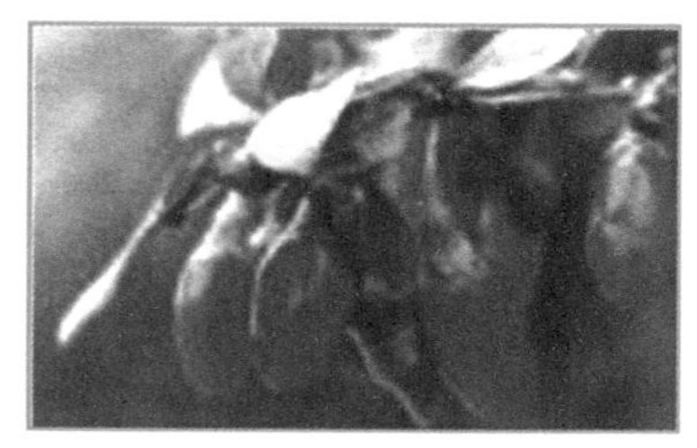

보약 효능

피를 맑게 하고 눈을 맑게 한다. 간장과 신장의 기능을 보강하는 데 좋은 약재이다. 특히 허리와 무릎이 시큰거리고 무기력한 증상에 효험이 있다. 중국에서는 주요 강정제로 쓰이며, 2천년 전 약방서에 실려 있을 정도로 오랜 전통의 약재이다.

구기잎콩비지

보약 음식으로 만드는 궁합 재료

〈5인분〉

① 구기자나무 어린잎(구기엽 : 拘杞葉) 15g

② 콩비지 2ℓ, 돼지갈비 300g,

③ 된장 · 고추장 합하여 100g, 파 3뿌리, 생강 10개

만드는 법

1) 구기엽을 5컵의 물에 넣어 약한 불로 달여 3컵 정도로 줄면 짜서 국물을 따로 받아두고 건더기는 버린다.

2) 돼지갈비를 3cm 정도씩 토막을 내어 냄비에 넣고, 생강을 다져 넣는다. 그리고 구기엽 국물을 붓는다.

3) 끓여서 국물이 잦아들면 된장과 고추장을 풀어 넣고 끓이다가 콩비지를 넣어 또 끓인다. 이때 주의 할 것은 거품이 나며 넘는 수가 있으므로 쉴새없이 저어야 한다.

4) 다 끓으면 공기에 담아서 후추와 파 또는 마늘로 양념을 하여 먹는다.

한방 요법

- 피로 회복〈구기자주〉-구기자 200g에 설탕 200g을 소주 1.8ℓ에 함께 넣고 약 2~3개월 담가두었다가 매일 와인잔 1잔 정도 마시면 피로를 덜 느끼게 된다.

감기 증상, 어지럼증에 효험 국화

국화과의 여러해살이풀로서 가을에 피는 대표적인 꽃이다. 옛날부터 관상용으로 널리 가꾸어 왔다. 꽃의 빛깔이나 모양이 여러 가지이며, 원예 품종도 매우 많다. 꽃의 크기에 따라 대국 · 중국 · 소국으로 나뉜다. 우리나라에 야생하는 국화로는 감국 · 산국 · 산구절초 · 울릉국화 등이 있다.

보약 효능

풍(風)을 다스리고 열을 내리며, 간장을 편안하게 하여 눈을 밝게 한다. 때문에 풍열에 의한 감기 증상이나 어지러움증에 효험이 있다. 또 눈에 핏발이 서고 눈이 시며, 눈물이 나는 증상을 개선시키는 작용을 한다. 고혈압, 종기, 부스럼에도 효과가 있다.

국화차

보약 음식으로 만드는 궁합 재료

① 국화(감국의 꽃) 10g
② 꿀 50g 정도

만드는 법

1) 그늘에서 말린 감국의 꽃을 잘 씻고 다듬는다. 이때 꽃이 너무 짓무르지 않도록 주의한다.
2) 꽃과 꿀을 버무려서 용기에 담아 밀봉한다.
3) 그늘진 시원한 곳에 보관하거나 냉장 보관을 2~3개월 한다.
4) 끓는 물에 국화꿀을 1~2찻술씩 타서 마신다.

● 한방 요법

◎ 고혈압을 다스리는 〈국화주〉-감국의 꽃 6~8g과 생지황 4~5g, 구기자나무의 뿌리 또는 껍질 4~5g, 찹쌀 50g 정도를 섞어서 빚어 먹으면 혈압을 내리고 혈류량을 증가시키는 약효가 있다.
※ 국화차나 국화주는 소화가 잘 안 되거나 설사 기운이 있으면 적게 마시는 것이 좋다.

'바다의 우유'…혈색을 좋게 하는 굴

연체 동물 부족류 굴과에 속하며, 굴조개라고도 한다. 오랜 옛날부터 굴이 식용된 흔적이 한국의 선사시대 조개무덤에서 출토되었다. 껍데기는 달걀 모양인데 고착 장소에 따라 다소 다르고 안쪽은 흰살이 들어 있다. 살은 맛이 좋으며 약으로도 쓰인다.

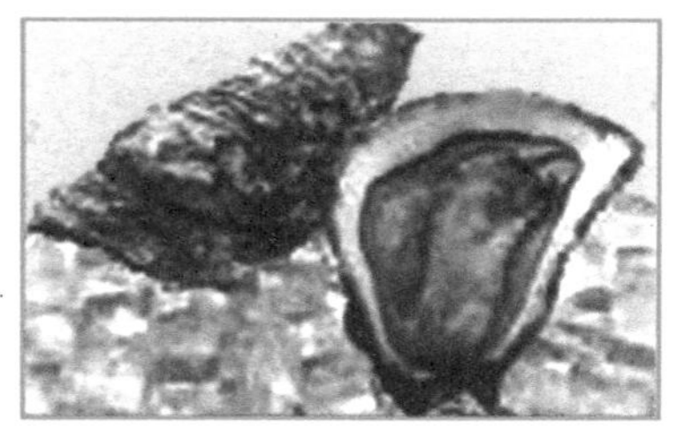

보약 효능

굴은 '바다의 우유'라고 한다. 3대 영양소는 물론 비타민, 미네랄이 풍부해 완전 식품인 우유와 견준다. 한방에서는 굴을 번열 · 갈증에 쓰며, 혈색을 좋게 하고 영양을 돕는 데 사용한다. 특히 상식하면 피로회복과 정력 증진에 효과가 있다.

굴탕

보약 음식으로 만드는 궁합 재료

① 말린 굴 300g
② 다시마와 미역 각 20cm씩
③ 생강즙 적당량

만드는 법

1) 말린 굴을 준비한다.(굴을 대량으로 구입하여 물에 끓여 10분쯤 졸인 후 볕에 말린 것 : 보존하기 쉽고 1년 내내 먹을 수 있다)
2) 다시마와 미역을 각각 2cm 정도로 자른다.
3) 굴을 생강즙에 두세 시간 담가두었다가 꺼낸다.
4) 굴과 다시마, 미역을 함께 넣고 끓여 먹는다.
※ 일반적으로 정력을 증진시키려면 굴탕(湯)을 적어도 일주일에 한번씩 1년 내내 먹는 게 좋다.

● 한방 요법

식은땀을 많이 흘릴 때〈말린 굴가루〉-말린 굴과 방풍 · 백지를 같은 분량으로 가루를 내어 소주 1잔(소주컵)에 타서 1일 2~3회 공복에 마신다.
※ 굴껍질(모려)을 버리지 말고 곱게 가루를 내어 따스한 물에 타서 먹으면 고혈압이나 신경쇠약에 약효가 있다.

술을 깨게 하고 소화 기능을 돕는 귤

귤나무는 운향과의 늘푸른큰키나무이다. 줄기에 가시가 있으며, 잎은 달걀 모양이다. 6월경에 흰 꽃이 하나씩 잎겨드랑이에서 피고 열매(귤)는 10월경에 장과로 익는다. 열매를 식용하고 열매껍질(진피)은 차나 한약재로 사용한다.

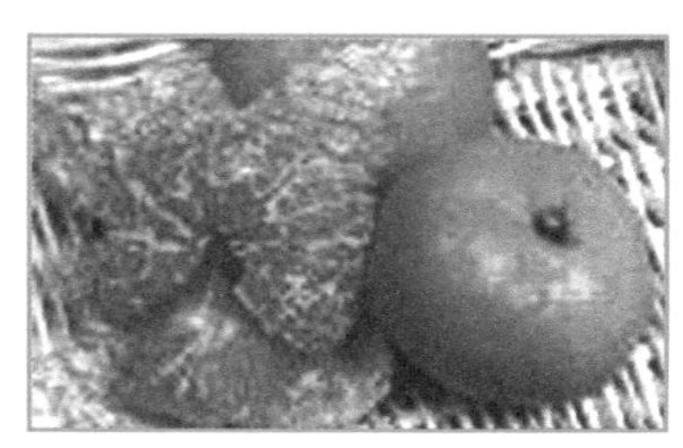

보약 효능

귤은 소화의 기능을 도와 주고 기의 순환을 원활하게 한다. 한의학에서는 원래 술을 깨게 하는 한약재로 귤의 껍질을 말린 진피陳皮를 많이 쓴다. 또 귤에는 진액을 생성하고 갈증을 멎게 하며 몸을 따뜻하게 하는 효과가 있다.

귤껍질(진피)차

보약 음식으로 만드는 궁합 재료

① 말린 귤껍질 10g 정도
② 물 600㎖

만드는 법

1) 귤껍질의 안쪽에 붙어 있는 흰거죽을 제거한다.
2) 손질한 귤껍질을 바람이 잘 통하는 그늘에서 부서질 정도로 바싹 말린다.
3) 말린 귤껍질을 물에 넣고 중간불로 6~7분 정도 끓인다.
4) 물(600㎖)이 1/4 정도가 될 때까지 우려내어 먹는다.

● 한방 요법

- 감기 · 기침을 할 때〈귤즙〉-비타민 C가 풍부한 귤즙은 감기 증세에 효과가 있다. 귤 3개 정도를 반으로 잘라 즙을 내어 너무 뜨겁지 않게 (너무 뜨거우면 비타민 C가 파괴되므로) 해서 마신다.
- 위를 튼튼히〈진피탕〉-진피 5g에 생강을 갈은 것 소량과 설탕을 조금 섞어 뜨거운 물을 붓거나, 물 180㎖를 붓고 2~3분 정도 달여서 뜨거울 동안에 마시면 건위에 도움이 된다.

혈압을 억제하고 감기를 예방하는 김

홍조류에 속한 바닷말의 하나. 얕은 바다의 바위에 이끼처럼 붙어 밀생한다. 몸길이 30cm, 폭 60cm쯤의 넓은 띠 모양으로 자줏빛을 띠며 가장자리에 주름이 있다. 겨울과 봄철에 번식한다. 우리나라 서남 연해, 특히 다도해 지방에서 많이 나며 널리 양식한다.

보약 효능

혈압을 억제하며 혈관을 청결하게 한다. 특히 김은 비타민 A의 보고인 카로틴이 식품 중에 제일 많이 함유되어 있기 때문에 감기 예방에 효험하다. 김 1장의 영양은 달걀 1개와 같고, 비타민 A는 달걀 3개와 맞먹는다. 미네랄(무기질)은 쇠고기의 100배 정도 들어 있다.

김냉국

보약 음식으로 만드는 궁합 재료

① 구은 김 3장 정도
② 오이 2개
③ 식초, 얼음, 파, 깨소금 등

만드는 법

1) 오이를 채로 썬다.
2) 김을 바싹 구워 손으로 비벼서 잘개 부순다.
3) 큰 대접에 생수를 붓고 오이 채와 김을 넣는다.
4) 빙초산 식초를 알맞게 넣고 기호에 따라 파, 깨소금으로 가미한다.

● 한방 요법

- 입 안의 냄새 · 마른 기침이 날 때 〈삶은 김〉-김 20장을 적당히 삶아(너무 끓이면 안된다) 모두 3차례 나누어 마시면 좋다. 소금 등 조미료류를 첨가해서는 안된다.
- 동맥경화 · 고혈압〈구은 김〉-김 1장을 은근한 불에 구워 손으로 비벼 부순 것을 뜨거운 물에 타 마시면 된다. 이런 방법으로 매일 3~6장 정도를 먹으면 혈관을 맑게 하고 혈압을 내리는 효과를 볼 수 있다.
  ※ 김은 불면증에 특효가 있다.
  ※ 김을 많이 먹고 복통이 날 때는 끓인 물에 식초를 약간 타서 마시면 금방 멎는다.

미용과 변비 해소, 빈혈에 좋은 꿀

꿀벌이 꽃의 꿀샘에서 단 액체를 빨아들여 소화 효소와 혼합하여 먹이로 저장해 두는 것으로서, 달고 끈끈하며 누르스름한 액체이다. 식용 · 약용하거나, 약식 · 다식 등의 감미료로 이용된다. 꿀은 원기 회복의 대명사로 불린다.

보약 효능

피부를 곱게하는 등 미용에 쓰이고, 변비에 효험하다. 고혈압을 예방하고 피로 회복에 좋은 약재이다. 무엇보다 영양 보충제로 널리 사용된다. 이밖에 산후 갈증을 해소하고 숙취를 푼다. 습관성 변비, 빈혈, 만성천식, 불면증에도 효과가 있고 입안이 헌 데 발라주면 약효가 있다.

벌꿀탕

보약 음식으로 만드는 궁합 재료

① 꿀 10큰술
② 인삼 1뿌리(큰 것)
③ 마늘 20쪽

만드는 법

1) 껍질을 벗긴 마늘을 찜통에 넣고 30분 정도 찐 뒤 꺼내어 곱게 으깬다.
2) 으깬 마늘에 꿀, 인삼, 물 1/2잔을 넣고 약한 불에 10분 정도 끓여서 먹는다.

한방 요법

풍치로 고생할 때 〈노봉방(벌집) 가루〉-노봉방(생것이나 볶은 것)을 가루를 내어 1회 3~4g씩 1일 3회 2~3일 정도 복용하면 각종 종기를 낫게 한다. 특히 편도선염일 때는 노봉방 가루를 1회 4g씩 목 안에 불어 넣으면 효과가 있다. 또 치통에는 그 가루를 헝겊에 싸서 참기름에 담갔다가 아픈 이에 물면 곧 통증이 가라앉는다. 풍치의 경우, 노봉방을 통째로 물에 담구어 우려낸 물로 양치질을 해도 특효가 있다.
※ 꿀을 먹을 때 생마늘과 파를 같이 먹지 않는 것이 좋고, 젓갈류도 피해야 한다.

입맛을 돋우고 식곤증에 효과 냉이

쌍떡잎과의 두해살이풀로서 길가나 밭에 난다. 전체에 털이 있고 잎은 깃꼴로 갈라진다. 이른 봄에 어린잎을 뜯거나 뿌리를 캐어 국을 끓여 먹는다. 봄에 흰 꽃이 피며 열매는 삼각형이다.

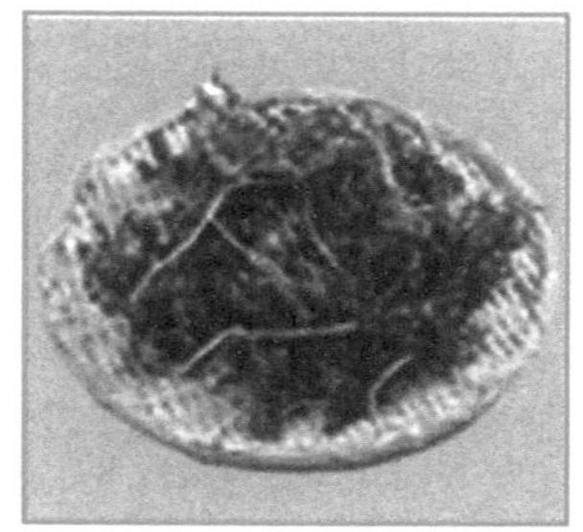

보약 효능

봄나물 중 으뜸이다. 봄에 피곤하고 나른할 때 먹으면 피로를 빨리 풀 수 있고 입맛을 돋운다. 소화 기능을 편하게 하며 이질, 설사, 부종과 숙취에도 효과가 있다. 소화 기능이 약한 사람에게 국거리로 최고이다. 단백질 성분이 높고 칼슘과 철분이 많으며, 비타민 A와 C를 다량 함유하여 식곤증에 효과가 있다.

냉이조갯국

보약 음식으로 만드는 궁합 재료

① 냉이 300g
② 조개(모시조개나 바지락) 50g
③ 쌀뜨물, 된장, 고추장 약간
④ 실파, 고춧가루, 다진 마늘 약간

만드는 법

1) 냉이를 깨끗이 다듬어(뿌리채) 끓는 물에 살짝 데쳐서 찬물에 넣고 헹구어 낸다.
2) 된장 2/3, 고추장 1/3 분량으로 쌀뜨물에 풀어 묽게 한 뒤 토장국이 되도록 끓인다.
3) 토장국에 냉이를 넣고 냉이가 익을 때까지 다시 끓인 다음 파, 다진 마늘, 고춧가루를 넣고 1~2분 정도 끓여서 먹는다.

한방 요법

- 눈이 침침할 때〈냉이 가루〉-냉이의 뿌리 · 잎 · 줄기 전부를 깨끗이 씻은 뒤 서늘한 그늘에 말린 뒤 가루를 내어 매일 식후마다 먹는다. 1회량은 5g 정도. 간질이나 안질에도 장복하면 좋다.
- 눈의 충혈〈냉이즙 찜질〉-냉이 전체를 말린 것 10g을 물 200㎖에 달여서 탈지면에 그 즙을 묻혀 눈을 씻으면 효과가 있다.
※ 냉이씨를 그릇에 소복이 담아 침대 밑이나 옷장에 넣어두면 벌레가 생기지 않는다.

더위를 식히고 열을 내리는 녹두

콩과의 한해살이 재배 식물이다. 잎은 3개의 작은 겹잎이고, 여름에 노란 꽃이 핀다. 열매는 꼬투리로 달리고 그 안의 씨는 팥보다 작고 대개 녹색이다. 열매(씨)는 녹두나물(숙주나물), 녹두죽, 녹두떡, 녹두전, 녹두차 등 보양 식품으로 다양하게 쓰인다.

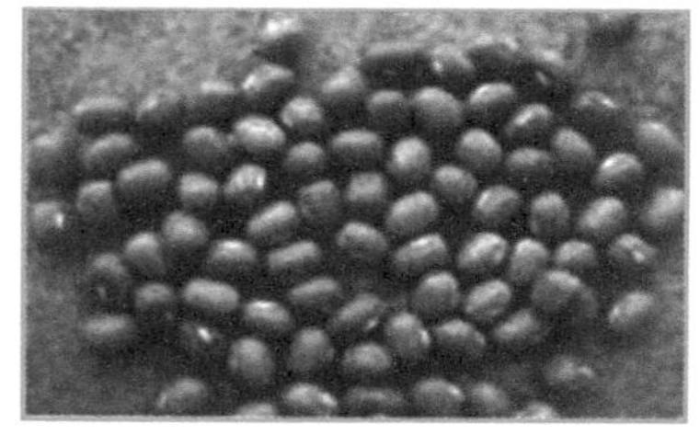

보약 효능

더위를 식히며 갈증 해소에 도움이 된다. 음식·약물 중독을 해독시키는 효능이 있다. 옛 문헌에 "녹두는 더위와 열을 내리고 번열과 독열을 해소시킨다."고 되어 있다. 특히 녹두를 삶아 그 즙을 마시면 소갈증을 치료하고 살결을 윤기나게 한다고 한다.

녹두죽

보약 음식으로 만드는 궁합 재료

① 녹두 적당량
② 쌀 적당량
③ 소금 약간

만드는 법

1) 녹두를 잘 씻어 푹 삶는다.
2) 약간 식힌 다음 채에 으깨어 국물을 내리고 찌꺼기는 버린다.
3) 녹두 국물에 씻은 쌀을 넣고 중간불에 5~6분 정도 나무주걱으로 저으며 죽을 쑨다.
4) 쌀이 익을 때쯤 약한 불로 하여 2~3분 정도 더 쑨 다음 소금으로 간을 하여 낸다.

● 한방 요법

과민성 피부염〈녹두가루탕〉-끓는 물에 귤껍질(날것) 1/2개를 찧고 녹두가루 1순가락을 함께 넣어 10분 정도 우려낸 물을(따뜻할 때) 마시면 효과를 본다. 매일 3차례 마시면 미용효과도 있어 여자들이 상식하면 좋다. 단, 위장이 냉한 사람은 피하는 게 좋다.
※ 〈당뇨병〉녹두를 삶은 물을 자주 마시면 효력이 있다. 이때 설탕을 넣지 말아야 한다.
※ 〈고혈압〉녹두껍질로 베개를 만들어 베면 머리가 맑아지고 혈압이 내린다.

남성 발기부전, 여성의 불임증에 효험 녹용

사슴의 새로 돋은 연한 뿔이다. 흔히 녹용은 그것을 채취하여 가공한 한약재를 이른다. 사육 꽃사슴은 초 여름에 묵은 뿔이 탈락하고 고운 털을 가진 송이 같은 새 뿔이 돋아나기 시작한다. 이 새 뿔을 가을에 채취하여 건조시켜 약용으로 쓰는데, 이것이 보약 중에 최고라는 녹용이다.

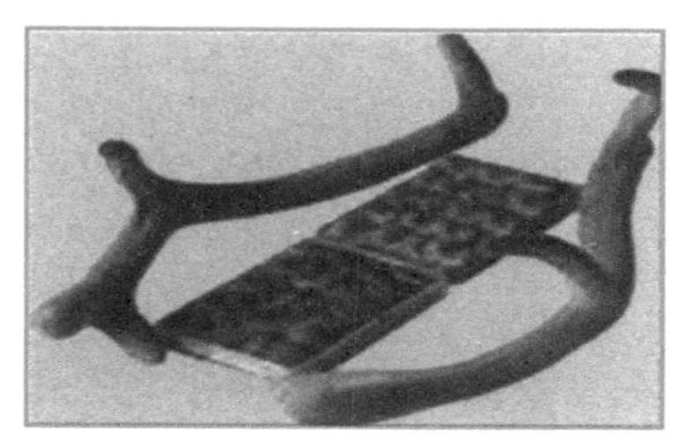

보약 효능

보정 강장제로 으뜸이다. 남성의 발기부전이나 성기능 저하, 여성의 불임증에 효험하다. 신경쇠약, 병후의 쇠약, 허약 체질 등 정력이 쇠퇴하고 피가 적어지며 몸이 야위고 기력이 없는 경우에 먹으면 좋다. 귀울림이나 노인성 허약에도 효과를 본다.

녹용술

보약 음식으로 만드는 궁합 재료

① 녹용 30g
② 소주 1.8ℓ (2홉들이 소주 5병)
③ 설탕 150g, 과당 60g

만드는 법

1) 털을 없애고 얇게 썬 녹용을 용기에 넣고 소주 (도수가 높은 술 담그기용 소주를 쓰면 좋다)를 붓고 공기가 통하지 않도록 밀봉하여 서늘한 음지에 보관한다.
2) 침전을 막기 위해 1~2일에 한 번 정도 용기를 가볍게 흔들어 주면 좋다.
3) 15일 후 마개를 열어 설탕과 과당을 넣고 또다시 밀봉하여 둔다.
4) 3개월 정도 지나면 마개를 열어 여과지로 술을 거르면 갈색의 독특한 향기를 지닌 강정 약술이 된다.

※처음 밀봉할 때 산약(山藥 : 마의 뿌리)을 가루로 만들어 고운 면포에 싸 넣으면 효과가 배가 된다.

※ 녹용술을 자기 전에 소주잔으로 한 잔씩 마시거나 아침 저녁으로 공복에 한 잔씩 마신다.

※ 녹각(채취 시기를 놓쳐 녹용이 딱딱하게 각질화 된 것)은 술에 하루 저녁 담갔다가 찐 뒤 잘라서 볶아 사용한다.

고혈압 예방과 해소에 좋은 다시마

갈조류 다시맛과의 바닷말로서 몸은 넓은 띠 모양이며, 바탕이 두껍고 거죽이 미끄러우며 약간 쭈글쭈글한 주름이 있다. 뿌리로 바위에 붙어 산다. 식용 및 감미료로 널리 쓰이며, 요오드의 원료가 된다. 곤포(昆布)라고도 한다.

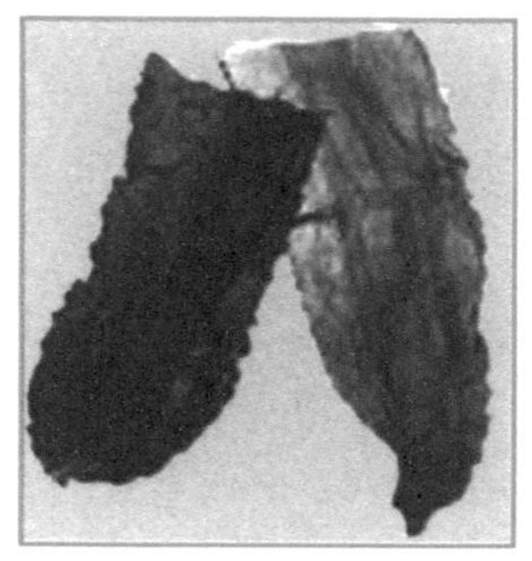

보약 효능

요오드가 다량 함유되어 있어 비만증과 고혈압을 예방한다. 또 라미닌 성분이 있어 혈압을 내리게 한다는 사실이 최근 밝혀졌다. 알칼리성 식품으로 해조류 중에서 가장 우수한 식품으로 알려져 있고, 특히 국거리 감미료로 인기가 있다. 알긴산과 식물성 섬유가 풍부해 변비도 막아 준다.

다시마게살냉채

보약 음식으로 만드는 궁합 재료

① 다시마(날것) 80g, 게살 100g
② 치커리 30g, 간장소스(간장+식초+레몬즙+설탕+깨소금+참기름+다진마늘), 배 1/3개

만드는 법

1) 다시마(날것)를 물에 씻어 짠맛을 우려내고 적당한 길이로 자른다(약 4~5cm)
2) 게살과 치커리를 적당한 크기로 뜯어 놓는다.
3) 간장소스를 기호에 맞게 만든다.
4) 큰 접시에 준비한 다시마와 게살, 치커리, 배(잘게 썬 것)를 담고 간장소스를 곁들여 낸다.

● 한방 요법

◎ 변비가 심할 때〈다시마즙〉-다시마(날것)를 10cm 정도 잘라 달여서 국물을 낸다. 사과 2개와 레몬 1/2개를 즙을 내어 다시마를 달인 물에 넣고 잘 흔들어 마신다. 다시마 달인 물에 사과즙과 레몬즙을 섞으면 맛을 냄과 동시에 사과의 펙틴질이 강화되어 변비 해소에 효과가 있다.

입맛을 돋우고 피부 노화를 방지 달래

백합과의 여러해살이풀이다. 땅 속에 둥근 모양의 흰 비늘줄기가 있고 그 밑에 수염뿌리가 있다. 잎은 긴 대롱 모양으로 1~2개가 달린다. 4월경 잎보다 짧은 꽃대 끝에 흰 빛 또는 붉은 빛이 도는 꽃이 핀다. 매운 맛이 있다. 비늘줄기와 연한 잎을 식용한다.

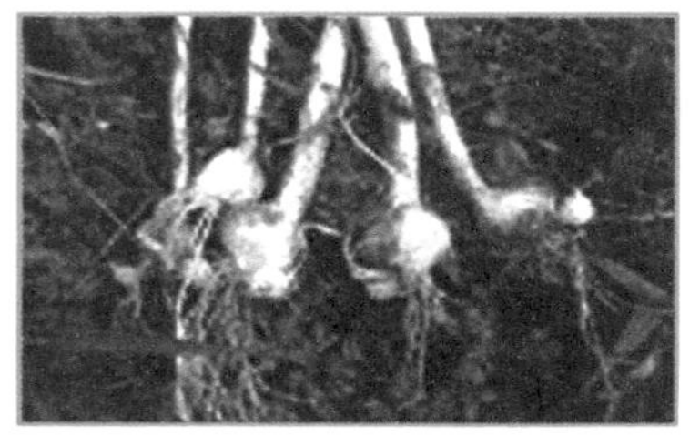

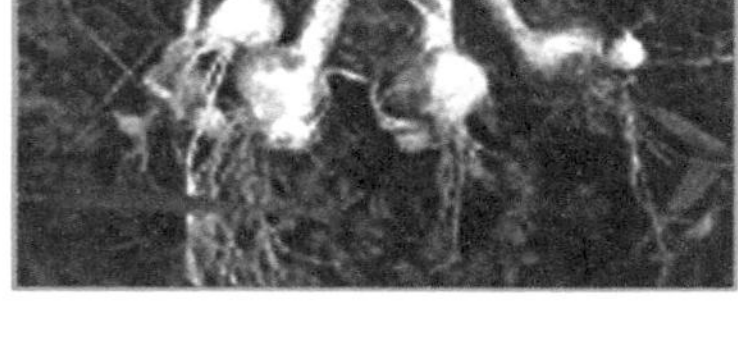

보약 효능

동의보감에 '작은 마늘' 혹은 '들마늘'이라고 했다. 비늘줄기인 덩이뿌리가 마늘과 같은 매운 맛을 내기 때문이다. 소화액의 분비를 촉진하고 입맛을 돋우고 몸을 따뜻하게 해준다. 비타민 성분이 골고루 들어있어 피부의 노화를 방지한다.

달래무침

보약 음식으로 만드는 궁합 재료

① 달래 200g
② 간장 두어 술, 고춧가루, 깨소금, 파, 다진 마늘, 참기름 등

만드는 법

1) 비늘줄기(덩이뿌리) 겉의 얇은 비늘껍질을 벗겨내고, 수염뿌리를 자른 뒤 잘 다듬는다.
2) 달래에 준비한 양념장에 버무려 무쳐낸다. 기호에 따라 식초를 아주 약간 쳐도 되나 금방 먹어야 좋다.
※ 달래는 열에 약하므로 날것으로 먹는 것이 좋다. 아리고 매운 맛이 강하므로 된장이나 고추장에 장아찌로 해서 먹으면 입맛을 더욱 돋울 수 있다.

● 한방 요법

- 종기 · 부스럼이 난 데 〈달래를 태운 가루〉–달래를 통째(비늘줄기, 잎, 수염뿌리)로 깨끗이 씻어 태워서 가루를 낸다. 그 가루를 참기름에 개어 환부에 바른다.
- 어린이 폐렴〈달래 찜질〉–달래를 한 사발 정도 깨끗이 씻은 후 통째로 찧은 것을 가슴에 은근히 찜질한다.
- 벌레에 물린 데〈달래즙〉–달래의 비늘줄기를 으깨어 그 즙을 물린 데에 바른다.

체력 강화와 부인병에 좋은 닭

꿩과에 속하는 가축으로, 고기나 알을 먹을 목적으로 기른다. 인도 · 동남아시아에서 야생하던 들닭이 사육 · 개량된 것으로 용도에 따라 알까기종(난용종) · 고기종(육용종) · 애완종 · 투계종등으로 나뉜다. 암컷은 암탉, 수컷은 수탉, 어린 것은 병아리라 부른다. 흔히 병아리보다 조금 큰 닭을 영계 또는 약병아리라 부른다. 중간 정도 크기의 닭을 중닭 또는 중계, 늙고 묵은 닭을 노계라 한다.

보약 효능

닭고기는 체력을 강화시켜 주고 위장을 보하며, 근육과 뼈를 강하게 한다. 과로와 야위는 증상, 식욕이 없고 소화가 잘 안되며 설사가 나는 증상을 다스린다. 특히 여성의 붕루하열과 대하증, 산후 젖부족, 병후 허약 등에 효험하다. 닭의 모래주머니(계내금)는 소화와 체증을 내리는 작용과 위장을 튼튼히 하는 약재로 쓰인다. 계란은 병후나 산후 회복, 허약 체질인 사람에게 좋은 식품이다.

영계찜

보약 음식으로 만드는 궁합 재료

① 영계 1마리(식구 수대로 증감, 재료도 증감)
② 율무쌀 20g
③ 은행 30알, 밤 12톨
④ 배추 500g, 마른 버섯 큰 것 3개
⑤ 파 1뿌리, 생강, 설탕, 마늘 5~8알, 간장, 참기름, 후추, 소금 등
※육종용(肉蓯容) 10g 정도를 함께 넣으면 더욱 좋다. 한약재상에서 구하면 되나 비싼 것이 흠이다.(육종용은 옛부터 정력 증강의 요약으로 손꼽힌다)

만드는 법

1) 영계의 내장을 빼고 깨끗이 손질하여 한 입에 먹을 수 있을 정도로 각지게 썬다.
2) 율무쌀은 요리하기 전 날부터 미지근한 물에 담가 둔다.
3) 은행알은 끓는 물에 데쳐 엷은 껍질을 벗겨낸다. 밤은 껍질을 베껴 알밤으로 쓴다.(육종용을 쓸 경우, 하루 전 물에 담가 두었다가 요리 전에 1cm 정도로 자른다.)
4) 마른 버섯을 4토막 내서 물에 담가 두고, 배추는 4~5cm 정도로 썬다. 파 · 생강도 길죽길죽하게 썰어 놓는다.
5) 솥이나 냄비에 참기름을 큰 것 3숟갈 정도 치고 먼저 닭을 넣은 다음 중간불로 볶는다. 볶으면서 파 · 생강 · 마늘 등을 차례로 넣으며 닭고기가 익을 때까지 계속 볶는다.
6) 고기의 빛깔이 변하면 물을 3~4컵 정도 넣고 부글부글 끓기까지 기다린다.

7) 위에 떠오르는 기름 거품을 말끔히 떠내고 율무쌀을 넣어서 삶는다.

8) 닭고기와 율무쌀이 말랑말랑하게 되면 밤 · 대추 · 버섯을 넣는다.(이때 육종용을 넣는다.) 조금 후 은행알을 넣고, 모두 익었을 때 기호에 따라 양념을 한다.

계피삼계탕

보약 음식으로 만드는 궁합 재료

① 영계 1마리(식구 수대로 증감, 재료도 증감)
② 계피 15g, 인삼 15g
③ 찹쌀 200g, 대추 3~5개, 마늘 2통, 소주 약간 및 생강, 소금, 후추 등

만드는 법

1) 영계의 내장을 빼고 깨끗이 씻는다.
2) 불린 찹쌀과 계피, 인삼, 대추, 마늘을 영계의 뱃속에 넣는다.
3) 뚝배기에 닭이 잠길 정도로 물을 붓고 재료를 넣는다.
4) 센물에 끓여 뚝배기가 넘칠 때 쯤 약한 불로 2~3시간 정도 달인다.
5) 푹 고아지면 기름을 걷어내고 3~4분 정도 더 끓이다가 마지막에 파, 소금, 후추 등으로 간을 맞춘다.

● 한방 요법

◎ 감기〈계란술〉-계란 7개를 대접에 깨어 넣고 커피잔 1잔 정도의 설탕을 부어 잘 젓는다. 이것을 5홉의 청주에 풀어 병에 넣고(1됫짜리) 밀봉하여 어둡고 서늘한 곳에 보관한다. 하루 한 번 쯤 흔들어 준다. 10일 정도 지나 하루 2회 정도 공복에 마신다.

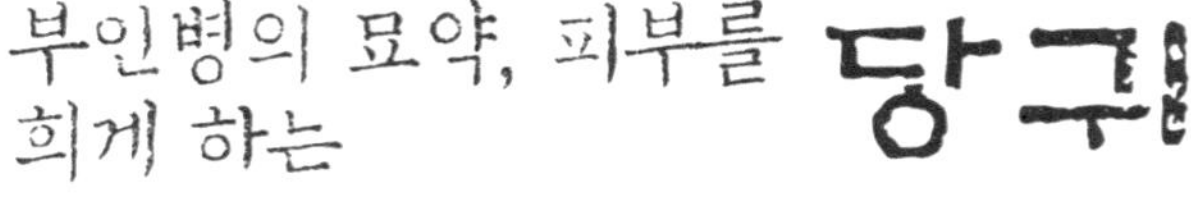

부인병의 묘약, 피부를 희게 하는 당귀

당귀는 미나릿과에 속하는 여러해살이풀의 뿌리이다. 한약재로 널리 쓴다. 깃꼴겹잎이며 마주나고, 여름에 흰 꽃이 핀다. 뿌리를 가을에 채취하여 약재로 쓴다. 당귀는 뿌리가 크고 굵으며 길고 잔뿌리가 적어야 좋은 약재가 된다.

보약 효능

당귀當歸는 '당연히 돌아옴'을 뜻한다. 옛날 중국에는 외침이 잦았는데, 사랑하는 사람을 멀리 싸움터인 변방에 보내고 오매불망 임이 돌아오기만을 기다렸던 여인들이 당귀를 먹고 몸을 튼튼히 하면서 '당귀' 하기를 바랐다는 연유가 서려 있다. 이처럼 당귀는 부인병에 대한 묘약이다.

당귀홍화죽

보약 음식으로 만드는 궁합 재료

① 당귀 8~10g
② 홍화(잇꽃의 꽃잎) 3g
③ 영계 1마리
④ 쌀 3홉
⑤ 파, 생강, 셀러리, 참기름, 후추, 소금 등

만드는 법

1) 영계를 내장을 빼고 푹 고아서 뼈를 전부 추려낸다.
2) 그 국물에 쌀을 넣어 죽을 쑨다.
3) 죽이 완성되면, 당귀와 홍화를 함께 넣은 다음 끓인 약물을 죽에 넣고 약한 불로 보드라운 죽을 만든다.
4) 죽이 다 되면 셀러리를 썰어 넣고 다진 생강과 잘게 썬 파로 양념을 한다.
5) 먹을 때 후추를 치고 참기름도 치면 향기로운 맛을 더한다.

한방 요법

피부를 희게 하고 싶을 때〈당귀차〉-2년생 당귀 10g을 물 300~400㎖에 넣고 센불에서 5분 정도 끓이다가 은은한 불로 10~12분 정도 끓인다. 그 국물을 꿀이나 설탕을 가미하여 마시면 좋다. 생강을 첨가하여 끓여도 좋다.
※ 당귀는 띄어난 미용 약재이다. 멜라닌 색소의 형성을 억제하며, 기미, 여드름, 주근깨 등 피부병을 다스린다.

장의 청소와 변비 해소에 도움 당근

미나릿과에 속한 한두해살이풀로서 밭에 가꾸는 푸성귀의 하나이다. 깃꼴겹잎이며, 여름에 흰 꽃이 줄기 끝에 모여 달린다. 긴 원추형의 불그레한 뿌리를 식용하는데, 길이 10cm에서 1m에 달한다. 맛이 달콤하고 향기롭다. 홍당무라고도 한다.

보약 효능

펙틴이라는 식물성섬유가 많이 들어 있어 장의 활동을 도와주므로 장을 깨끗이 하고 변비 해소에도 좋다. 장수 식품으로 꼽힌다. 일본에서는 인삼에 견주어 애용할만큼 영양가가 높다. 날것이나 익힌 것이나 사람에게 이롭고 많이 먹을수록 좋다고 한다.

당근사과즙

보약 음식으로 만드는 궁합 재료

① 당근 1개
② 사과 2개
③ 생수 2컵 정도
④ 꿀 적당량

만드는 법

1) 당근과 사과를 깨끗이 씻어 물기를 뺀 후 따로 따로 껍질째 믹서에 간다. 사과는 반으로 잘라 씨를 뺀 뒤 믹서에 간다.
2) 당근과 사과즙을 물 2컵 정도를 붓고 잘 혼합한다.
3) 혼합된 즙에 우유나 꿀을 섞어 마시면 더욱 좋다.
※ 아침 식사 30분 전 공복에 마시면 효과가 배가 된다.

● 한방 요법

- 심장병 · 불면증〈당근 생식〉-매일 아침, 점심, 저녁으로 당근 날것 1개씩을 꼭꼭 씹어서 생식으로 장복하면 효과가 있다.
- 심장 쇠약 · 식욕 부진〈당근구이〉-당근을 잿불이나 그릴에 구워서(꼬들꼬들하게) 매일 세끼 식사 전에 반 뿌리씩 장복하면 위를 튼튼하게 하고 허파를 강하게 해 준다.
- 대장염과 오래 된 이질〈당근씨 볶음〉-당근씨 7~8g을 노랗게 볶아 생강차에 타서 매일 세끼 식사 전에 마시면 특효가 있다.

안색을 좋게 하고 속을 편안하게 해 주는 대추

대추나무는 갈매나뭇과의 갈잎큰키나무로서 남부 유럽이 원산인데, 우리나라 각지에서 잘 자란다. 초여름에 황록색 꽃이 피고 가을에 열매(대추)가 붉게 익는다. 가지에 무딘 가지가 나며 목질이 단단하다. 열매는 식용 · 약용한다. 한방에서는 대조大棗라 한다.

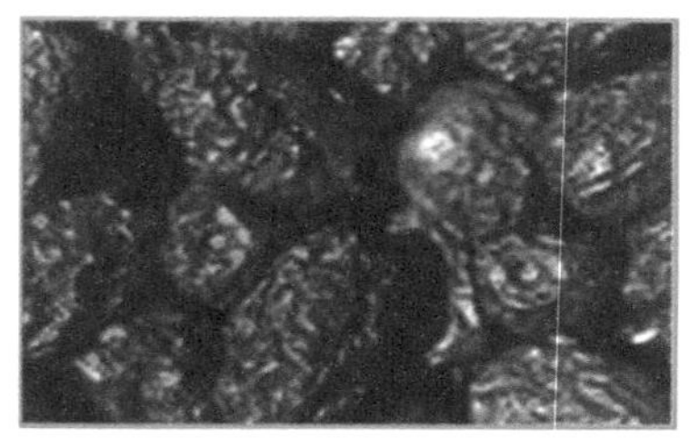

보약 효능

위장 기능을 보하고, 보정 · 보양에 효과가 있다. 동의보감에 의하면, 대조(대추)는 비장(지라)을 위한 열매로서, 비장 질환에 마땅히 먹어야 한다고 했다. 또 혈분血分(피의 영양적 분량)약으로 뛰어나다. 오래 먹으면 안색이 좋아지고 속이 편하고 장수하게 된다고 한다.

대추우유탕

보약 음식으로 만드는 궁합 재료

① 대추(말린 붉은 대추) 20개
② 우유 180㎖

만드는 법

1) 씻어 다듬은 대추를 반으로 갈라 씨를 뺀다.
2) 씨를 뺀 대추를 용기에 넣고 우유를 부어 은은한 불로 달인다.
3) 우유가 대추에 촉촉하게 배게 되면 대추를 꺼내고 우유는 버린다.
4) 우유가 잔뜩 배어 부풀은 대추를 아침 · 저녁 공복에 10개씩 씹어 먹는다.

※ 이 방법은 오랜 기침에 잘 듣는다.

● 한방 요법

- 고민으로 잠이 안 올 때〈대추탕〉－대추 14개와 파 흰 대궁 부분 7쪽을 물 3사발에 넣고 물 1사발이 될 때까지 끓여서 1회에 모두 마신다.
- 양기가 부족할 때〈대추술〉－씨를 뺀 대추 3근(1,8kg)을 대추알이 3등분 정도가 되도록 모두 썬다. 배갈 또는 소주(35도 이상) 8ℓ 정도를 부은 항아리에 담아 밀폐한다. 1개월 정도 지난 뒤 식사 전 하루 3번씩(소주컵 한잔) 마시면 좋다.

남자의 보양, 거담제로 좋은 더덕

초롱꽃과의 여러해살이 덩굴성 식물이다. 깊은 산에서 자라고, 잎이 어긋나며 8~9월에 자주색 꽃이 종 모양으로 핀다. 줄기는 2개 이상으로 덩굴져서 다른 물건에 감고 올라간다. 덩이뿌리는 독특한 냄새가 나는데, 먹거나 약으로 쓴다. 사삼沙蔘이라고도 한다.

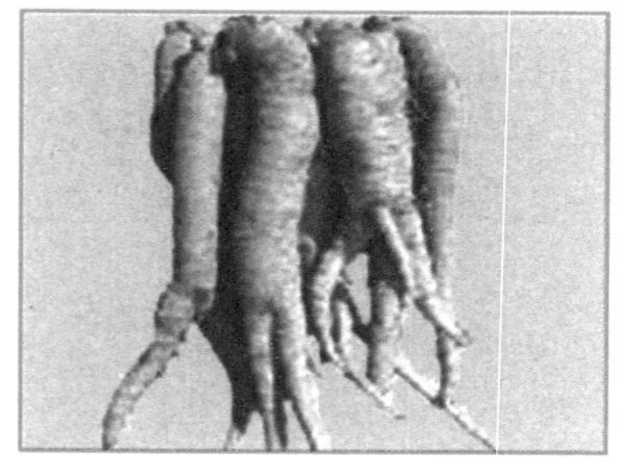

보약 효능

여자는 도라지, 남자는 더덕이 좋다는 말이 있다. 더덕은 양기를 보하고 모든 약의 독성을 중화시키는 작용을 한다. 뱀 또는 벌레에 물렸을 때 더덕에서 나오는 흰 점액을 바르면 해독과 함께 상처를 아물게 한다. 폐질환에 좋고 거담제로도 사용한다.

더덕구이

보약 음식으로 만드는 궁합 재료

① 더덕 300g
② 고추장 2큰 술, 간장 1/2큰 술, 설탕 1큰 술, 실파 2~3뿌리, 마늘 다진 것, 깨소금, 참기름 등

만드는 법

1) 손질한 더덕을 물에 불려서 껍질을 벗긴 다음 자근자근 두드려 편다.
2) 두들긴 더덕을 찬물에 담가 아린 맛을 없애고 마른 행주 등으로 꼭 짜서 물기를 제거한다.
3) 참기름과 간장을 3:1 비율로 섞어 준비된 더덕에 묻혀 애벌 양념을 해 둔다.
4) 고추장에 곱게 다진 파와 마늘을 넣고 간장, 참기름, 설탕, 깨소금, 후추 등을 잘 혼합하여 양념고추장을 만든다.
5) 석쇠에 쿠킹호일을 깔고 애벌 양념을 해 둔 더덕을 살짝 굽는다.
6) 노릇노릇해질 때 양념고추장을 발라서 다시 한번 구워낸다.

● 한방 요법

- 가래가 심할 때〈더덕 달인 물〉-말린 더덕 6~8g을 물 300㎖에 넣고 물이 1/3이 되도록 달여서 한 번에 다 마신다. 4~5번 정도 마시면 효험이 있다.
- 여자의 적 · 백대하〈더덕가루〉-말린 더덕 7~8g을 곱게 빻은 가루를 밥물에 타서 매일 3차례 식전에 마시면 된다.

폐를 보강하고 기침을 멎게하는 도라지

초롱꽃과의 여러해살이풀이다. 7~8월에 종 모양의 흰색이나 보라색 또는 하늘색 꽃이 핀다. 요즈음에는 관상용으로 많이 재배한다. 찬거리로 널리 쓰며 뿌리를 약용으로 한다. 백도라지가 효험이 많다고 한다.

보약 효능

인삼 성분인 사포닌이 들어 있다. 폐를 맑게 하고 가슴이 답답한 것을 풀어 주며 목구멍 통증에도 좋다. 기혈을 보강한다. 특히 기침이 날 때 좋은 약으로 알려져 있다. 가래 해소에도 좋다.

도라지 율무죽

보약 음식으로 만드는 궁합 재료

① 도라지 20g(5뿌리 정도)
② 율무쌀 100g
③ 소금 약간, 실파 다진 것 약간

만드는 법

1) 율무쌀을 하루 전에 미리 담가 불린다.
2) 잘 다듬은 도라지를 2~3시간 전에 3~4조각으로 내어 굵은 소금에 절여 둔다.
3) 먼저 율무쌀에 물 1.2ℓ 를 붓고 센불에 율무쌀을 끓여 어느 정도 익힌다.
4) 익혀진 율무쌀에 도라지를 넣고 약한 불로 죽을 만든다. 이때 나무주걱으로 밑이 눌러 붙지 않도록 잘 젓는다.
5) 죽이 되면 기호에 따라 소금으로 간을 하고 아주 잘게 썬 파를 얹어 낸다.
※ 도라지의 주성분인 사포닌은 기관지의 가래를 묽게 한다. 율무쌀과 같이 쓰면 효과가 증대된다.

● 한방 요법

- 기침이 심할 때〈도라지 달인 물〉-도라지는 건위 강장의 묘약으로 통한다. 말린 도라지에 대추를 조금 넣고 달여서 그 물을 마시면 기침이 멎는다.
- 코피가 날 때〈도라지탕〉-도라지 10뿌리를 물 3~4사발에 붓고 반이 되도록 졸여 반이 되면 3차례에 나누어 마신다.

신기 · 양기 부족 등 신체 허약을 개선해 주는 동충하초

동충하초冬蟲夏草란 겨울에는 벌레이던 것이 여름에는 풀로 변한다는 뜻이다. 동충하초는 자낭균류 동충하초과에 속하는 버섯을 통틀어 이르는 말이다. 숙주가 되는 매미, 나비, 벌 등 곤충의 시체에 자실체를 내어 기생한다. 붉은동충하초 · 매미동충하초 등이 있다.

보약 효능

폐와 신장의 허약을 다스린다. 숨이 가쁜 기침, 각혈을 개선한다. 신기 · 양기 부족으로 빚어지는 발기부전이나 성기능 장애, 유정 등에 효과가 있고 무릎 통증, 여성의 냉대하증 · 월경불순 등에 응용된다. 특히 누에 번데기에 기생한 것은 폐암에 특효가 있다고 알려졌다.

동충하초차

보약 음식으로 만드는 궁합 재료

① 동충하초 5~10g
② 꿀이나 설탕 약간

만드는 법

1) 동충하초를 알맞게 잘라 차관이나 탕기에 넣고 물 360㎖를 부어 달인다. 끓어 오르면 물이 반량이 되도록 약한 불로 1시간 정도 더 달인다.
2) 달인 물만 하루 2~3차례 1컵씩 차처럼 마신다. 꿀이나 설탕을 가미해도 좋다.
※ 동충하초차를 만들 때 잔대 뿌리(거담 · 진통제로 씀)와 황기를 각 10g씩 함께 넣고 달이면 약차로 더욱 효과가 있다.
※ 동충하초차는 식은 땀이 나는 증상 등 허약 체질을 개선한다. 특히 남성의 양기를 돋우고 조루를 치료하는 데 도움이 된다.
※ 동충하초 음식 요법- 동충하초는 다른 보약재에 넣어 사용하면 약효를 상승시킨다. 예를 들어 닭고기 · 쇠고기 · 오리고기 · 염소고기 등 보신 요리에 3~8g 정도를 넣고 함께 끓여 먹으면 훌륭한 자양 강장식이 된다.

강장제로 효과, 혈압을 내리는 두충

두충과의 갈잎큰키나무로서, 높이 10~15m 가량이다. 타원형 잎이 마주나고 봄에 잔 꽃이 핀다. 열매를 자르면 백색의 끈끈한 즙이 나온다. 나무껍질을 약용으로 쓴다.

보약 효능

두충은 대뇌를 튼튼히 하고 허리·무릎 앓는 데 및 음습증에 쓴다. 말린 두충의 나무껍질은 강장제로 효과가 있다. 통증을 멎게 하고 혈압을 내리는 효과가 있어 각종 통증 및 고혈압에 응용된다. 고환의 내분비를 촉진시키는 약리 작용도 있다.

두충전골

보약 음식으로 만드는 궁합 재료

① 두충 5g(5인분)
② 소금에 절인 연어 5토막
③ 된장 50g, 두부 2모
④ 파 7~8뿌리, 토란 3~4개, 당근 1개, 작은 순무 3~4개
⑤ 다시마를 삶아 우려낸 국물 큰컵 5~6잔 ⑥양념장(깨 · 고추 · 겨자 · 산초 · 계피 · 마늘 등을 모두 갈아서 섞은 것), 소주 약간

만드는 법

1) 두충을 2컵의 물에 넣고 약한 불로 1시간 정도 달여서 달인 물이 1컵 정도 되게 하여 건더기는 버린다.
2) 소금에 절인 연어는 너무 짜지 않게 물에 먼저 넣어서 짠맛을 빼고 쓴다.
3) 양념장을 뺀 모든 재료에 소주 1~2잔을 넣으면 비린 내 및 쓴맛이 가신다.
4) 재료를 모두 용기에 넣고 센불로 끓인다. 이때 된장과 다시마 국물도 섞어 넣는다.
5) 1차로 끓으면 두충 달인 물을 붓고 두부를 넣어 끓이다가 다 익으면 양념장을 넣고 먹는다.
※ 두충전골은 피로 회복에 좋은 식품이다.
※ 〈두충술〉은 피로 회복과 자양 강장에 으뜸 식품이다. 두충 100g, 소주(35° 이상이면 좋다.) 1ℓ, 설탕 100g 정도 비율로 섞어 만든다. 1일 3회, 공복에 소주잔으로 1잔씩 마신다.

자양·강장 건강식품으로 으뜸 둥굴레

백합과의 여러해살이풀이다. 6~7월에 단지 모양의 백록색 꽃이 핀다. 9~10월에 속씨가 까맣게 익는다. 마디가 있는 땅속줄기가 원주형으로 가로 뻗고 수염뿌리가 많다. 뿌리를 약용·식용하며 어린잎도 먹는다. 둥굴레의 뿌리를 한방에서는 황정黃精이라 하여 약으로 쓴다.

보약 효능

자양 강장약으로서 오장을 보한다. 음을 다스리고 근육과 뼈를 튼튼히 하는 효능을 지녔다. 온몸이 나른하고 무기력한 증상을 완화시키고, 병후 몸조리에 유용한 약재이다. 특히 술로 빚은 황정술은 머리카락이 세지 않도록 해주고 모든 병을 이겨 내게 해주므로 즐겨 마시면 좋다고 한다.

둥굴레차

보약 음식으로 만드는 궁합 재료

① 둥굴레 50g
② 흑설탕 20g

만드는 법

1) 둥굴레를 얇게 썬다.
2) 물 1ℓ 에 둥굴레를 넣고 맛이 우러나면 설탕을 넣고 약한 불로 1시간 정도를 더 끓인다.
3) 건더기를 버리고 다른 용기에 옮겨 담아 냉장고에 넣어 두고 차 대신 매일 수시로 마신다.
※ 〈둥굴레구기자차〉 둥굴레와 구기자를 각각 25g씩 넣고 같은 방법으로 달여서 먹어도 좋다.
※ 둥굴레차는 폐질환에 좋고, 여성의 적 · 백대하증에도 좋다. 일반적으로 정기를 돋우는 데 으뜸으로 알려져 있다.

● 한방 요법

◎ 보정 강장제〈둥굴레술〉-둥굴레 뿌리를 잘게 썰어서 항아리나 병에 넣고 뿌리 분량의 2.5배 정도의 배갈이나 소주(35° 이상이면 좋다)를 붓는다. 또 뿌리 분량의 1/3 가량의 흑설탕을 넣고 약 2개월쯤 밀봉하여 저장했다가 건더기는 버리고 마신다.

병후 회복, 풍증 예방, 보신 음식으로 좋은 들깨

꿀풀과의 한해살이풀이다. 키가 약 1m이고 잎은 마주나며 넓은 달걀 모양이다. 잎 가장자리에 톱니가 있다. 잎에 독특한 냄새가 나고 고소하여 반찬으로 한다. 여름에 흰빛의 잔 꽃이 줄기 끝에 모여 피고, 꽃이 진 뒤에 4개의 잔 씨가 들어 있는 수과로 익는다. 씨는 기름을 짜 낸다.

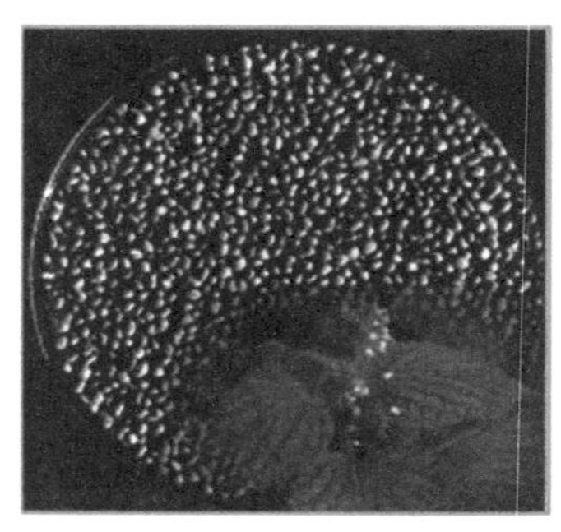

보약 효능

참깨나 검은깨와 마찬가지로 영양가가 뛰어난 알칼리성 식품이다. 비타민 A, C가 다량 함유되어 있어 병후 회복에 들깨죽이 좋다. 날것으로 먹으면 풍증을 예방하고, 쪄서 꿀과 같이 먹으면 보신이 된다.

들깨탕

보약 음식으로 만드는 궁합 재료

① 들깨 20g
② 쇠고기 120g, 표고버섯 10개, 두부 1/3모, 실파 4~5뿌리
③ 양념류(다진 마늘, 국간장, 참기름, 소금, 고춧가루, 후춧가루 등)

만드는 법

1) 들깨를 곱게 가루를 낸다.
2) 쇠고기를 먼저 국거리용 크기로 잘게 썰어, 냄비에 넣고 참기름을 두르고 볶는다. 약간 익힐 만큼 볶다가 물을 붓고 팔팔 끓인다.
3) 쇠고기 국물에 잘게 쭉쭉 찢은 표고버섯을 넣는다. 거기에 잘게 으깬 두부와 들깨가루를 넣어 끓인다. 팔팔 끓으면 국간장과 양념류를 넣고 소금으로 간을 한다.
4) 마지막 먹기 전에 잘게 썬 실파를 넣는다.
※ 들깨탕은 보신용으로 으뜸이고, 종기 · 부스럼을 없애는 데도 좋은 음식이다.

● 한방 요법

◎ 병후 회복〈들깨죽〉–들깨와 멥쌀을 물에 불려 맷돌에 갈아서 죽을 쑤어 먹으면 병후 회복에 좋다. 노인들의 보양식으로 으뜸이다. 변비를 치료하고 머리를 맑게 하는 효능도 있다.

고혈압 예방, 가래 해소, 각기병 · 요통을 다스리는 땅콩

콩과의 한해살이풀이다. 땅을 기는줄기와 땅위줄기의 두 가지가 있는데 그 길이가 40~60cm이다. 주로 모래땅에서 자라며 잎은 깃꼴겹잎이다. 7~9월에 황색 꽃이 핀다. 열매는 고치 모양으로 땅속으로 들어가 익는다. 열매를 볶아서 먹거나 기름으로 짠다.

보약 효능

땅콩의 지방질은 불포화 지방산으로 고혈압을 예방한다. 땅콩기름을 항상 먹으면 뇌 기능의 쇠퇴를 막아주고 혈전의 형성을 억제하며, 혈관벽을 보호한다. 또한 폐를 윤택하게 하고 기침을 멎게 하며 가래를 삭힌다. 각기병 · 산후 젖부족에도 효능이 있다.

땅콩초절임

보약 음식으로 만드는 궁합 재료

① 땅콩 100g
② 식초 적당량

만드는 법

1) 땅콩을 껍질 그대로 쓴다.
2) 땅콩을 용기에 담고 식초가 땅콩이 잠길 정도로 붓는다. 밀봉하여 서늘한 곳(냉장고가 좋다)에 약 10일 정도 보관하면 초절임이 다 된다. 보관중 식초가 탁해지면 새로운 식초로 교환해 주면 된다.
3) 매일 취침 전에 땅콩과 식초물을 함께 작은 찻잔 1잔 분량을 먹는다.
※ 땅콩초절임은 고혈압 · 요통 · 무릎통증 등에 특효가 있다.
※ 묵은 땅콩은 독성이 있으므로 구워서 먹어야 한다.

● 한방 요법

◎ 오래 된 해수병〈날땅콩 가루〉–해수로 기침이 심할 때는 날땅콩을 햇볕에 잘 말려 가루를 만들어 끓인 물에 타서 먹으면 효과가 있다. 매일 3차례 식후에 차마시듯 1잔씩 마신다.
※땅콩을 껍질째로 먹으면 혈압을 내리고 지혈 작용이 있다고 한다.

강정·미용식으로 훌륭한 마

맛과의 여러해살이 덩굴풀이다. 산과 들에 나는데, 식품으로 우수하여 밭에 재배하기도 한다. 여름에 자색 꽃이 핀다. 살눈은 식용하고 덩이진 비늘줄기는 강장제로 쓴다. 마를 산에서 나는 약 중의 약이라 하여 산약山藥이라고도 부른다.

보약 효능

본초강목에 마는 활력을 돋우고 근육을 성장시키며 귀를 맑게 하고 눈을 밝게 한다고 했다. 또 마의 끈적끈적한 점액질은 단백질이 풍부하여 양기를 보하는 훌륭한 식품이다. 소화를 돕는 전분과 당이 무를 능가한다. 병약자나 노인에게 좋은 식품이다.

참마죽

보약 음식으로 만드는 궁합 재료

① 마 150g
② 연밥 50g
③ 찹쌀 2컵 정도
④ 다시마 1장(15cm 정도)
⑤ 소금 약간

만드는 법

1) 마의 껍질을 벗기고 둥글게 썬다.
2) 쌀을 씻어 1시간 정도 불린 뒤 체에 받쳐 물기를 뺀다.
3) 연밥을 뜨거운 물에 담갔다가 껍질을 벗기고 쪼개어 그 속의 심지를 빼고 으깨어 놓는다.
4) 다시마를 끓여 국물을 만들고 건더기는 버린다.
5) 다시마 국물에 찹쌀을 넣고 주걱으로 저으며 끓인다.
6) 찹쌀이 죽이 다 되면 마를 넣고 익을 정도로 젓다가, 연밥을 넣고 익혀서 죽을 만든다.
7) 소금으로 간을 하여 먹는다.
※ 연밥이 없으면 넣지 않아도 된다.
※ 참마죽은 위에 좋고, 피로 회복식으로 좋다. 여성 미용식으로도 잘 알려져 있다.

한방 요법

당뇨병에 특효〈마를 가루낸 것〉–마 말린 것 1근(600g)을 반은 노랗게 볶아 가루를 내고, 반은 그대로 짓찧어 가루를 내어 복용한다. 식사 전 공복이나 취침 전에 각각 큰 숟갈 1개씩 장복하면 효과를 본다.

노화예방 및 성인병을 다스리는 마늘

백합과의 여러해살이풀로서, 잎은 가늘고 길며, 땅 속에 굵은 비늘줄기가 있다. 둥근 비늘줄기(마늘)는 특유한 냄새와 매운 맛이 있어 양념으로 쓰인다. 한국 토종으로 굳혀진 중요한 조미 · 감미 식품이며, 약재이다.

보약 효능

마늘은 그 냄새가 진하고 거세지만 오장을 소통하여 모든 곳을 뚫어주므로, 한기와 습기를 제거하고 몸의 사기를 몰아내며 종기 제거는 물론 육식 체증을 소화시킨다고 한다. 특히 항암물질로 알려진 셀레늄이라는 미네랄 성분을 다량 함유하여 노화 예방 및 성인병을 다스린다.

마늘감탕

보약 음식으로 만드는 궁합 재료

① 큰 마늘 3쪽
② 감탕 5g
③ 생강 5조각(중간치)
④ 대파 흰 대궁 5개(3~4cm 길이)
⑤ 후추

만드는 법

1) 마늘 3쪽을 모두 쪼개 알갱이로 하여 깨끗이 손질한다.
2) 마늘과 생강, 파를 물 2사발에 넣고 센불로 10~12분 정도 끓인다.
3) 1차 끓어오르면 감탕과 후추 약간을 넣고 은은한 불로 물이 1/3 사발이 되도록 달인다.
4) 달인 물을 한 번에 다 마시되 하루에 3차례 공복에 복용하면 좋다.

※ 마늘감탕은 감기 · 몸살에 특효가 있다.

※ 감기 · 몸살이 심한 경우, 마늘감탕을 마시고 땀을 흘리면 좋다.

● 한방 요법

◎ 악성 변비증〈마늘즙〉-마늘 3통을 껍질을 벗기고, 볶은 참깨 100g 정도를 함께 짓찧은 다음 저녁 식사 때 그 즙을 모두 마신다.

◎ 고혈압일 때〈생마늘〉-마늘 2~3개를 된장에 찍어서 매일 3차례 상식하면 2~3개월 후 개선된다.

위장을 깨끗이 하는데 특효 매실

매실나무는 장미과의 늘푸른 작은키나무이다. 높이 5m 정도로서, 잎은 어긋나고 달걀꼴인데 가장자리에 예리한 톱니가 있다. 4월경에 향기가 강한 연한 녹색 꽃이 피고 열매(매실)은 9월경에 황색으로 익는다. 신맛이 있다. 매실은 술로 담거나 식용으로 쓴다.

보약 효능

술이나 식초를 담가 먹으면 좋은 약재이다. 매실을 소금에 절여 불에 구은 것이 오매烏梅인데, 이 오매를 차로 끓여 마시면 이질 · 설사에 좋다. 미네랄과 구연산 성분이 많아 갈증을 해소하고 위장을 튼튼히 한다. 매실을 잘 이용하면 중풍 예방도 된다.

매실주

보약 음식으로 만드는 궁합 재료

① 매실(청매, 아주 익기 전 푸른 것) 1.5~2kg
② 소주(35° 이상이면 좋다)
③ 설탕(흑설탕이 좋다) 500g 정도

만드는 법

1) 덜 익고 싱싱한 청매를 꼭지를 따고 물에 씻은 다음 그늘에서 하룻밤을 말린다.
2) 용기에 배갈이나 소주를 붓고, 매실을 넣고 그 위에 설탕을 얹는다.
3) 밀봉하여 서늘한 음지에 15일 정도 보관했다가 냉장고에 넣어도 좋다.
4) 5~6개월 이상 되어야 독특한 향과 맛이 난다.
※ 씨를 빼지 말고 넣어야 더욱 맛이 난다.
※ 매실주는 더위를 먹었을 때, 여름을 탈 때와 허해서 담이 많이 날 때, 특히 식욕 부진에 좋다.

● 한방 요법

- 구토 · 설사가 날 때〈청매 절임〉-소금에 절인 매실(청매) 10개 정도를 삶아, 그 물을 1회 찻잔 1컵 정도로 하루 3번씩 마시면 좋다.
- 속이 답답할 때〈오매 삶은 물〉-오매(껍질을 벗기고 짚불 연기에 그슬리어 말린 열매)를 10개 정도 삶은 물을 마시면 효과가 있다.

입맛을 돋우고 피로 회복에 좋은 머위

국화과의 여러해살이풀로서 습지에서 자란다. 잎은 신장형이고 털이 있으며, 여름에 수꽃은 황백색, 암꽃은 백색으로 핀다. 잎의 길이는 60cm, 지름 1cm 정도로 자라고 윗부분에 홈이 생기며 녹색이지만 밑부분은 자줏빛이 돈다. 잎을 데쳐 먹거나 약으로 쓴다.

보약 효능

무기질(미네랄)과 비타민이 많이 들어 있어 강심제의 효과가 있다. 봄나물 중에 가장 쓴맛을 갖고 있으나, 입맛을 돋우고 간장 기능을 강화함과 동시에 스태미나를 배가시킨다. 잎과 줄기에는 피로 회복에 좋은 무기질을 다량 함유하고 있다.

머위짱아찌

보약 음식으로 만드는 궁합 재료

① 머위(잎과 줄기) 적당량
② 간장 또는 고추장 적당량
③ 설탕 약간

만드는 법

1) 머위의 잎과 줄기의 껍질을 벗긴다. 잎의 경우 잎맥 부분을 벗겨내면 된다.
2) 껍질을 벗긴 머위의 잎과 줄기를 적당량 크기(줄기의 경우 6~7cm)로 자른다.
3) 간장이나 고추장에 물을 붓고 간이 맞도록 끓이다가 설탕을 넣고 졸여서 장물을 만든다.
4) 장물에 준비된 머위를 넣고 은근한 불로 조려 낸다. 간은 장물로 한다.
※머위의 쓴맛을 없애려면 껍질과 잎맥을 벗기고 제거한 뒤, 소금을 약간 넣은 끓는 물에 살짝 데쳤다가 쓰면 좋다. 또는 머위의 잎을 끓는 물에 슬쩍 삶아 아린 맛을 우려내고 머윗잎쌈으로 먹으면 별미가 된다. 된장에 무친다든가 기름에 조려서 비빔밥 재료로 써도 좋다.

● 한방 요법

◎ 기침을 멎게 할 때〈머위 달인 물〉-머위(잎과 줄기) 15~20g에 물 500㎖를 부어 물이 반이 되도록 달여서 1일 3회로 나누어 다 마신다.

혈압 강하와 변비 해소에 좋은 메밀

마디풀과의 한해살이풀로서 높이 60~90cm이다. 줄기는 속이 비어 있으며 곧다. 붉은 빛의 뾰족하고 세모진 열매가 연다. 익은 열매는 전분이 많아 가루를 내어 국수나 묵으로 해서 식용한다.

보약 효능

기를 내리고 장을 시원하게 하며 적체를 해소한다. 전분을 다량 함유하며 아미노산이 풍부한 우수한 단백질 식품이다. 메밀 속에는 혈압을 내리게 하는 루틴이라는 물질이 들어 있으며 각종 종기, 화상 등의 처방에 쓰인다. 변비 해소에도 좋은 식품이다.

메밀묵무침

보약 음식으로 만드는 궁합 재료

① 메밀묵 1모
② 오이 2개, 당근 1개, 깻잎 7~8장
③ 초고추장 양념(고추장, 식초, 설탕, 다진 마늘, 다진 양파 또는 다진 파)

만드는 법

1) 메밀묵을 먹기 좋게 적당한 크기로 잘라 양념을 한다.(참기름에 소금을 약간 친 양념)
2) 오이와 당근을 먹기 좋게 납작납작하게 썰고, 깻잎도 비슷한 크기로 자른다.
3) 야채에 초고추장을 넣고 버무린다.
4) 버무린 야채 양념에 메밀묵을 넣고 다시 버무려 먹거나, 따로 따로 놓고 곁들여 먹는다.

● 한방 요법

- 불이나 물에 덴 데 -메밀가루를 노릇하게 볶아서 물에 개어 환부에 바르면 효과가 있다.
- 혈압이 높을 때〈메밀 베개〉-메밀껍질과 검은콩껍질, 녹두껍질, 결명자, 국화잎을 각각 같은 양으로 넣은 베개를 사용하면 크게 개선된다.

※ 메밀은 돼지고기나 양고기, 조기와 함께 먹으면 풍을 일으키고 머리카락이 빠진다고 한다.

신체 발육을 돕고, 두뇌와 눈을 밝게 하는 명태

대구과의 바닷물고기로서 몸길이 40~60cm 내외이다. 대구와 비슷하나 홀쭉하고 길다. 등 쪽은 청갈색이고 배 쪽은 은백색이다. 한류성으로 우리나라 동해에서 나는 주요 어종이다. 싱싱한 날것을 생태, 얼린 것을 동태, 말린 것을 북어라 한다.

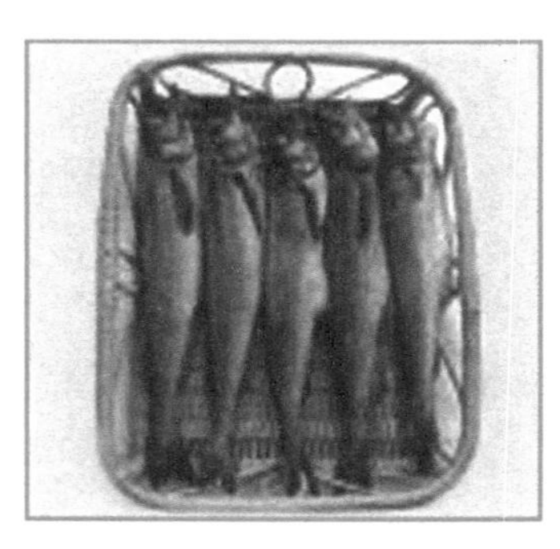

보약 효능

단백질이 많은 영양 식품이다. 쇠고기, 우유, 달걀에 필적한다. 신체에 필요한 필수 아미노산이 고루 들어 있어 신체 발육을 돕고 두뇌와 눈을 밝게 한다. 창난젓과 명난젓, 명태의 간에는 지질 등 영양이 높아 냉증을 다스리는 효과가 있다.

생태매운탕

보약 음식으로 만드는 궁합 재료

① 생태 1마리
② 멸치, 다시마 1/2컵씩
③ 미나리, 쑥갓, 대파
④ 양념류(붉은 고추, 풋고추, 다진 마늘, 생강, 고춧가루, 후춧가루, 고추장 · 간장, 소금, 술 약간)

만드는 법

1) 생태를 깨끗이 씻어 내장을 제거하고 머릿 부분을 비롯해 통째로 쓴다.
2) 멸치와 다시마로 국물을 내어 놓는다.
3) 양념장을 만든다.(고추장 · 간장 · 다진 마늘 · 고춧가루 · 후춧가루 · 생강 · 소금 등)
4) 냄비에 생태를 넣고 준비한 국물을 붓는다. 양념장을 그 위에 뿌려 얹고 술을 약간 친다.
5) 센불에 끓인다. 어느 정도 익으면 고추와 대파 썬 것, 미나리, 쑥갓을 넣어 완성한다.

※ 생태매운탕은 시원하고 담백한 맛으로 소화 흡수가 잘 된다. 조금 얼큰하게 만들어 먹으면 술독을 풀어주는 데에도 좋다. 간 기능도 보호한다.

※ 생태매운탕에 계피를 첨가해 넣으면, 감기에 좋고 손발이 찬 것을 해소해 주는 요리가 된다.

위와 장의 경련, 구토에 특효 모과

모과나무는 장미과의 갈잎큰키나무이다. 높이는 약 10m 정도이다. 5월경에 연붉은 꽃이 피며, 가을에 향기롭고 길둥근 열매(모과)가 노랗게 익는다. 목재는 단단하고 질이 좋아 가구재로 쓰고, 열매는 주로 기침의 약재로 쓴다.

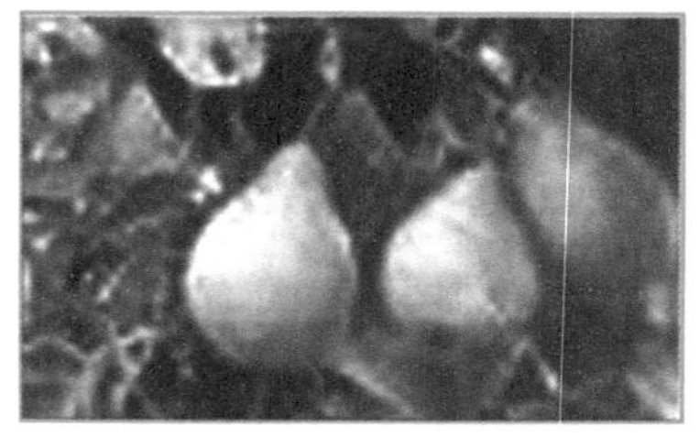

보약 효능

한방에서는 위나 장의 경련, 구토에 영약으로 되어 있다. 사지의 기력 쇠약과, 특히 허리·무릎이 시리고 아픈 데에 효과가 크다. 또 폐 기능을 보강시켜 주는 식품으로서 기온 변화에 따른 잦은 기침의 해소에 좋다. 거습의 효과가 있어 모든 부종에도 잘 듣는다.

모과꿀차

보약 음식으로 만드는 궁합 재료

① 모과 4개
② 꿀 200g
③ 설탕 300g

만드는 법

1) 잘 익은 모과 4개를 껍질 그대로 소금물에 씻어 잘 말린 다음 칼로 쪼개 씨를 빼고 여러 토막을 내어 강판이나 믹서에 갈아 즙을 낸다.
2) 찌꺼기가 나오지 않도록 곱게 간 즙을 꿀 · 설탕을 넣고 묽은 죽처럼 젓는다.
3) 항아리나 병에 담아 밀봉하여 서늘한 곳이나 냉장고에서 1개월 정도 보관한다.
4) 모과꿀청이 되면 필요할 때 1숟갈씩 떠내어 끓인 물에 타서 차처럼 마신다.

● 한방 요법

◎ 허리 · 무릎이 시리고 아플 때〈모과술〉-말린 모과 2kg 정도(날것은 8개 정도)를 잘게 썰어 소주(35° 이상이면 좋다) 5ℓ에 1개월 정도 숙성한 모과술을 마시면 좋다. 매일 3차례, 식전이나 식후에 소주잔으로 1~2컵 마신다.
※ 모과는 철의 산화를 일으키므로 썰 때, 스테인리스 칼을 사용하는 것이 좋다.

부인병에 효과가 큰 천연의 자양 식품 목이버섯

담자균류 목이과의 버섯 중 하나이다. 가을에 뽕나무 · 말오줌나무 등의 죽은 나무에서 많이 난다. 몸 전체가 아교질의 반투명이다. 사람의 귀와 비슷한 모양이라 하여 '목이木耳'라는 이름이 붙었다. 크기 2~6cm의 불규칙한 덩어리로 되어 있다. 말려서 식용한다.

보약 효능

부인병에 탁월한 효과가 있다. 하혈과 적 · 백대하증을 다스리고 월경을 순조롭게 한다. 특히 검은 목이는 천연의 자양 식품으로 알려져 있다. 혈액의 응고를 풀고 관상동맥 경화증을 예방하는 작용을 하기 때문이다. 이밖에 치질, 당뇨 환자의 다뇨증에 적용된다.

목이약탕

보약 음식으로 만드는 궁합 재료

① 목이버섯 600g
② 흑설탕 300g

만드는 법

1) 목이버섯(흰 빛이 나는 것)을 깨끗이 씻어서 통째로 쓴다.
2) 목이버섯에 흑설탕을 용기에 함께 넣고 물 2.5ℓ를 붓는다. 중간불로 2시간 정도를 달이면 물이 반량이 되고, 목이버섯은 흐물흐물하게 묵처럼 된다.
3) 이것을 모두 다른 병에 옮겨 담는다.
4) 목이버섯 꿀탕처럼 된 것을 매일 3차례 식후에 먹는다. 찻잔에 큰 숟갈 하나를 떠 넣고 끓인 물에 풀어 마신다.

※ 목이약탕은 신기를 돕는 묘약이다. 조루증에 효과가 있고 여성의 대하를 없애는 데 효력이 있다.

※ 위통 · 위경련 상비약〈목이버섯 가루〉–목이버섯(뽕나무 또는 회화나무에서 난 것이면 더욱 좋다)을 태워 가루를 만들어 보관한다. 필요할 때 6~7g을 뜨거운 물에 타서 마시면 효과가 있다.

디아스타제 함유, 소화식품의 대표 무

십자화과의 한 두해살이풀로서 재배한다. 깃털 모양의 잎이 뿌리에서 더부룩하게 나며, 덩이뿌리는 둥글고 길다. 봄에 백색 · 담자색 꽃이 핀다. 잎과 뿌리는 중요한 채소로서, 비타민 · 단백질의 함유량이 많아 약용된다. 흔히 밭의 인삼이라 불린다.

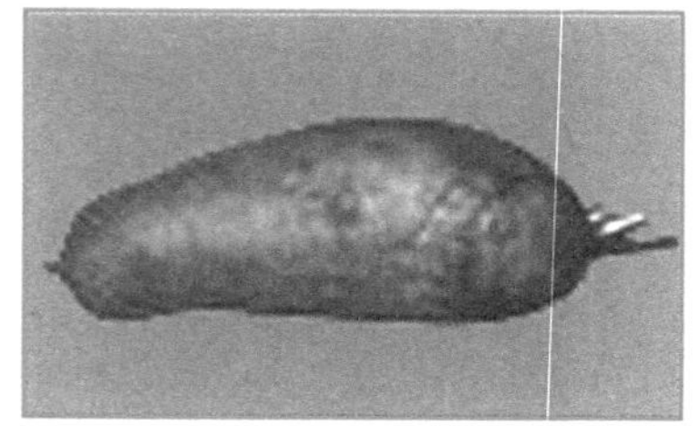

보약 효능

날것으로 먹으면 갈증이 멎고 음식이 잘 소화되며 기분이 상쾌해진다. 대부분 수분으로, 특히 디아스타제라는 소화 효소가 들어 있어 소화를 돕고 니코틴독을 없애는 데 제일이다. 또 해열 작용도 한다. 씨는 위장을 튼튼히 하고 거담제로 좋은 약재이다.

무쇠고기탕

보약 음식으로 만드는 궁합 재료

① 무 500g (중간무 1.5개 정도)
② 쇠고기 200g
③ 다진 마늘, 파, 소금, 간장, 당근, 고춧가루, 후춧가루 등 양념

만드는 법

1) 무를 껍질째 씻어서 길이 2cm, 1.5cm 정도로 토막내어 소금을 약간 쳐서 저며둔다.
2) 쇠고기(국거리, 기름살을 약간 섞어도 좋다)를 얇게 썰어 다진 마늘과 간장, 후추로 양념을 하여 저며둔다.
3) 끓는 물에 양념한 쇠고기를 넣고 5분 정도 끓이다가 무와 기름살을 넣고 더 끓인다.
4) 무가 익을 때 쯤 소금이나 간장, 다진 마늘, 파 등으로 간을 하여 먹는다.

※ 무쇠고기탕은 고단백 식품으로 속을 시원하게 해 주고, 수험생들의 두뇌 촉진 음식으로 좋다.

● 한방 요법

냉증 · 신경통〈무잎 달인 물〉—손발이 차거나 신경통이 심할 때는 말린 무잎을(3~4뿌리의 잎) 달여서, 달인 물과 말린 잎 건더기를 함께 욕탕에 넣고 입욕하면 큰 효과를 볼 수 있다.

설사를 멎게 하고 목구멍 통증을 완화 무화과

무화과나무는 뽕나뭇과의 갈잎떨기나무로서, 키가 3m 가량이다. 가지는 굵고 갈색 또는 녹갈색이다. 잎은 넓은 달걀꼴로 어긋난다. 가지와 잎을 꺾으면 흰 젖이 나온다. 암수 한그루로서, 열매(무화과)는 겹지고 가을에 암자색으로 익는다. 식용한다.

보약 효능

잎에는 약간의 독이 있으나 열매는 비위를 돕고 설사를 멎게 하며 인후통을 다스린다. 위를 튼튼하게 하고 장열을 없애며, 부기를 빼고 해독 작용을 한다. 혈압 강하 작용, 항암 작용, 소화 작용이 있어 이질 · 설사 · 장염 · 치질 · 부스럼 등에 좋다.

무화과보후탕

보약 음식으로 만드는 궁합 재료

① 무화과 4~5개(열매 말린 것)
② 백설탕 50g
③ 꿀 30g

만드는 법

1) 무화과를 잘게 썰어 백설탕을 넣고 중간불로 1시간 정도 달인다.
2) 달인 물에 백설탕과 꿀을 넣고 20~30분 정도 은은한 불로 더 달인다.
3) 달여지면 건더기는 버리고 국물을 용기에 담아 냉장 보관하여 필요할 때 수시로 마신다. (하루 종이컵으로 3컵 정도)
※ 무화과 보후탕은 목구멍을 보호할 뿐만 아니라 열을 내리고 담을 제거해 준다. 가수나 연설자에게 매우 유익한 처방이다.

● 한방 요법

- 혈압이 높을 때〈무화과 잎 달인물〉–말린 무화과 잎 20g 정도를 물 300㎖에 넣고 물이 반이 되도록 달여서, 하루 3회, 공복에 전부 마신다.
- 입맛이 없을 때〈무화과 달인 물〉–입맛이 없고 소화가 안될 때 무화과 말린 것 30~50g 을 달여 먹으면 좋다. 신선한 열매를 한 번에 1~2개 먹어도 효과가 있다.

여름을 이기게 하는 강정식품 미꾸라지

잉엇과의 민물고기이다. 개천 · 논 · 웅덩이 등의 흙바닥 속 유기물을 먹고 산다. 몸길이는 10~20cm로 가늘고 길며, 몹시 미끄럽다. 몸체 양옆에 긴 수염이 있고 꼬리지느러미 위에 희미한 흑점이 있으나 크면 없어진다.

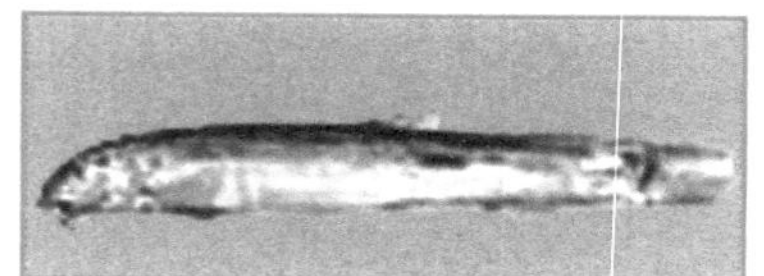

보약 효능

'추어탕'으로 대변되는 미꾸라지는 옛날부터 강정식품으로 유명하다. 비타민 A를 다량 함유하여 피부를 매끄럽게 해 준다 하여 최근 여성들까지 애용한다. 본초강목에는 소화 작용을 돕고 술을 깨도록 하며, 소갈증을 해소시킨다고 되어 있다.

추어보신탕

보약 음식으로 만드는 궁합 재료

① 미꾸라지 400g 정도(식구의 수에 따라 가감)
② 쇠고기 200g
③ 소주 작은 잔 2잔, 우엉 1뿌리, 가지 2개, 무 1/2개, 된장, 당면, 버섯, 두부 1/2모, 파, 생고추, 산초, 고춧가루, 후추 등

만드는 법

1) 미꾸라지를 조금 진한 소금물을 넣은 용기에 넣고 뻘을 토하게 약한 불로 끓인다. 미꾸라지가 잠잠해질 때 뚜껑 틈으로 술을 붓는다.
2) 미꾸라지를 꺼내 씻은 후 물을 더 붓고 끓여서 미꾸라지가 자작자작 해질 때 된장을 넣고 우엉과 껍질을 벗긴 가지를 넣는다.
3) 곧바로 쇠고기 · 무우(토막친 것) · 당면 · 버섯 · 두부 · 파 등을 함께 넣고 계속 끓인다.
4) 조금 매운 고추를 짓찧어 얼큰하게 풀고 그대로 익힌다.
5) 다 익으면 탕그릇에 담고, 산초나 고춧가루를 쳐서 얼큰하고 걸쭉한 맛을 내어 먹는다.
※ 추어탕(추어보신탕)은 여름철 스태미나식으로 영양 만점이라 할 수 있다.

● 한방 요법

◎ 여름을 탈 때〈미꾸라지된장국〉-여름에 땀을 많이 흘릴 때는 된장국에 미꾸라지를 넣고 얼큰하게 끓여 먹으면 좋다. 여름을 타는 것은 산성증酸性症 때문이다. 된장국은 간肝을 보하는데 좋은 식품이다.

혈압을 내리고 여성 대하증에 좋은 미나리

습지 또는 냇가에서 자라는 미나릿과의 여러해살이풀이다. 높이 30cm 정도 자라며 기는 줄기가 뻗어서 번식한다. 7~9월에 희고 작은 꽃이 핀다. 잎과 줄기에 독특한 향기가 있고 연하여 식용한다. 최근 논작물로 많이 재배한다. 습지에 자생하는 돌미나리가 맛이 좋고 약용으로 뛰어나다.

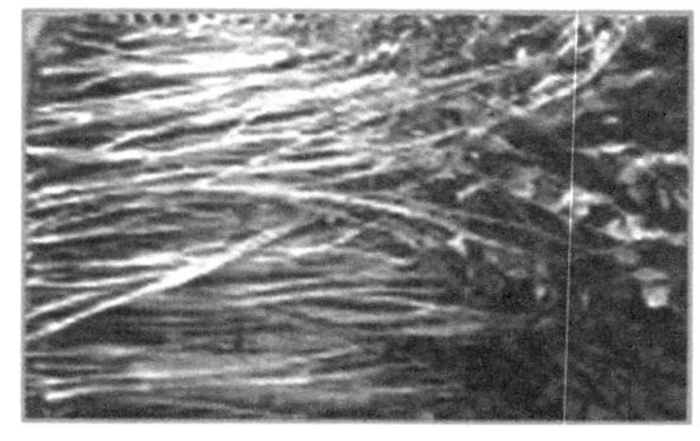

보약 효능

비타민과 무기질이 풍부한 알카리성 식품으로 혈액을 맑게 하고 혈압을 내리는 작용을 한다. 갈증을 해소하고 여성의 대하증에도 좋다. 돌미나리와 산미나리는 칼슘과 비타민 A와 C가 많이 함유되어 있어 노화된 혈관을 튼튼하게 해 준다. 미나리즙은 속이 쓰리거나 숙취 해소에도 좋다.

미나리생즙

보약 음식으로 만드는 궁합 재료

① 미나리(돌미나리나 산미나리가 좋다) 200g
② 토마토 2개, 사과 1개, 당근 1개

만드는 법

1) 미나리의 잎사귀를 떼 내고 줄기와 뿌리를 잘 다듬는다.
2) 토마토와 사과의 꼭지를 따고, 사과는 씨를 뺀다. 껍질째 쓴다.
3) 모두 적당한 크기로 잘라서 믹서에 함께 넣고 간다.
4) 즙을 1일 3차례 공복에 마신다.

※ 미나리생즙은 심한 갈증을 없애고 숙취 해소에 좋다.

● 한방 요법

- 구토 · 설사〈미나리 줄기 삶은 물〉–미나리의 줄기를 삶아서 수시로 마시면 효과가 있다. 미나리를 삶을 때 씨를 뺀 배를 함께 넣으면 더욱 좋다.
- 어린이가 열이 날 때〈미나리즙〉–미나리 줄기를 찧은 즙을 수시로 마시게 하면 열이 서서히 내리게 된다.
- 월경이상일 때〈미나리 삶은 물〉–미나리 한 단을 5~6cm로 썰어 물 두사발에 넣고 삶아 1/3사발이 되면 그 물을 매일 3차례 식전에 마시면 효과가 있다.

산후 조리와 다이어트에 좋은 미역

갈조류 미역과의 한해살이 바닷말이다. 암갈색으로 해안의 바위에 붙어서 자란다. 길이는 1~2m이고 폭은 60cm 정도이다. 가을에서 겨울 동안 자라고 늦은 봄 첫 여름에 홀씨로 번식한다. 다시마보다 얇고 부드러우며, 요오드와 칼슘 성분이 많아 산후에 국으로 끓여 먹는다.

보약 효능

미역은 어혈을 풀어주고 산후풍을 예방할 수 있는 최고의 건강 식품이다. 또 종기와 부스럼, 담을 해소하며 특히 갑상선 호르몬의 주성분인 요오드가 많아 신체의 노화를 막아 주고 피를 맑게 하는 효과가 있다. 지방질이 적은 저칼로리 식품으로 다이어트에 좋다.

미역냉국

보약 음식으로 만드는 궁합 재료

① 마른 미역 12g
② 오이 1개, 붉은고추 1개, 풋고추 1개, 실파 3뿌리
③ 통깨, 다진 마늘, 설탕, 식초, 술, 간장 약간

만드는 법

1) 마른 미역을 깨끗이 씻어 끓는 물에 살짝 데친다.
2) 데친 미역을 3~4cm 정도로 잘라 놓고 오이를 채 썬다.
3) 붉은고추와 풋고추는 꼭지를 따고 씨를 제거한 후 잘게 썬다. 파도 잘게 썬다.
4) 데친 미역을 먼저 다진 마늘, 소금, 간장, 설탕, 식초를 넣고 무친다.
5) 무친 미역에 붉은 고추, 풋고추, 오이, 통깨, 파를 섞어 버무린다.
6) 물을 붓고 얼음을 띄우면 시원한 미역냉국(미역찬국)이 된다.

● 한방 요법

- 혈압이 높을 때〈미역귀 된장무침〉-미역귀의 귀다리를 잘게 자른 후 조선된장에 무쳐서(짭지 않게) 먹는다.
- 입 안의 마늘 냄새〈생미역〉-생미역을 한조각 먹으면 입 안의 마늘 냄새를 없앨 수 있다.

정력을 키우고 위장을 보하는 민들레

국화과의 여러해살이풀이다. 이른 봄에 30cm 가량의 꽃줄기가 나와 그 위에 노란 꽃이 핀다. 잎은 무잎처럼 깊게 갈라지고 가장자리에 톱니가 있다. 씨방에 흰 깃털이 있어 바람에 날려 멀리 퍼진다. 어린잎은 나물로 먹고 뿌리는 약용한다.

보약 효능

한방에서는 민들레가 꽃피기 전에 말린 것을 포공영蒲公英이라 한다. 해열 · 발한 · 건위제 등으로 쓴다. 잎은 정력을 키우는 데 좋은 음식으로 나물로 무쳐 먹거나 술로 담가 음용한다. 위장을 보하고, 유방이 부을 때 부기를 풀어주는 약초이다.

민들레 나물

보약 음식으로 만드는 궁합 재료

① 민들레잎 10~12g
② 소금, 참기름 약간

만드는 법

1) 꽃이 피기 전 어린잎을 채취하여 깨끗이 씻은 후 4~5cm 크기로 썰어서 햇볕에 2~3시간 정도 말린다.
2) 말린 잎을 끓는 물에 소금을 한웅큼 집어 넣고 삶는다.
3) 잎사귀 빛깔이 매우 파래지면 채반에 건져 잠시 차가운 물에 담가 둔다.
4) 프라이팬에 참기름을 두르고 민들레잎을 데치듯 볶는다.
5) 민들레잎의 물기가 가시고 꼬들꼬들해졌을 때 소금으로 간을 하여 먹는다.
※ 민들레나물을 상식하면 정력이 왕성해진다고 한다.

● 한방 요법

- 구역질이 나고 토할 때〈민들레즙〉-민들레 뿌리를 짓찧어 즙을 내어 마시면 (식후 찻잔 1잔 정도) 위장 질환에 효험이 있다.
- 위장이 약한 데〈민들레술〉-민들레꽃이나 뿌리를 배갈이나 소주(35 ° 이상이면 좋다)에 담가 설탕을 넣고 1개월 이상 익혀서 마시면 좋다.
  ※ 몸이 찬 사람이 장복하면 해롭다.

심기를 안정시키고, 우울증·불면증을 개선 밀가루

밀은 볏과의 한해살이(봄밀) 또는 두해살이(가을밀)풀이다. 줄기는 높이 1~1.5m이며 마디가 있고 속은 비어 있다. 줄기 끝에 꽃이삭이 달리는데, 길이 6~12cm의 방추형이다. 씨는 타원형이다. 밀은 서양의 주식 곡물로서 주로 빵과 과자의 원료가 된다.

보약 효능

심기를 편안하게 하고 심장 질환을 다스린다. 우울증·불면증·번열·소갈증·설사·이질 등에 효능이 있다. 밀가루로 수제비나 국수를 만들어 먹으면 속이 시원하고 입맛이 칼칼해진다. 여기에 약재를 첨가하면 각종 암이나 비만을 치유하는 효과가 있다.

닭칼국수

보약 음식으로 만드는 궁합 재료

① 밀가루 5컵(종이컵, 3인분 기준)
② 닭(영계 또는 중닭) 1마리
③ 쇠고기 80g
④ 애호박 1개, 달걀 2개, 버섯 3개
⑤ 양념류(간장 · 파 · 마늘 · 기름 · 후추 · 깨소금 · 소금 등)

만드는 법

1) 밀가루를 더운 물로 반죽을 하여 밀대로 얇게 밀어 가늘게(길이 8~10cm 정도) 썬다. 펄펄 끓는 물에 넣어 삶으면 국수가 위로 뜬다. 이때 건져서 찬물에 담갔다가 꺼내 체에 받쳐 둔다.
2) 닭은 삶아서 살을 잘게 뜯어 간장을 주로 하여 양념을 해둔다.
3) 쇠고기로 맑은 장국을 만든다. 기름은 모두 걷어낸다.
4) 애호박은 채를 쳐서 소금을 살짝 뿌려 기름에 살짝 볶는다. 달걀은 달걀물을 하여 얇게 부쳐서 역시 채를 썬다. 버섯도 충분히 물에 불렸다가 잘게 찢어서 소금간을 하여 기름에 살짝 데친다.
5) 닭 삶은 물과 장국을 한데 섞고 간을 한다.
6) 그릇에 칼국수를 담은 다음 국물을 붓고 양념해 놓은 닭고기를 얹고, 달걀채 · 버섯채 · 애호박채를 곁들여 낸다.
※ 닭칼국수는 강정식과 다이어트식으로 좋은 음식이다.

신경통 · 위통 · 천식에 효과 박하

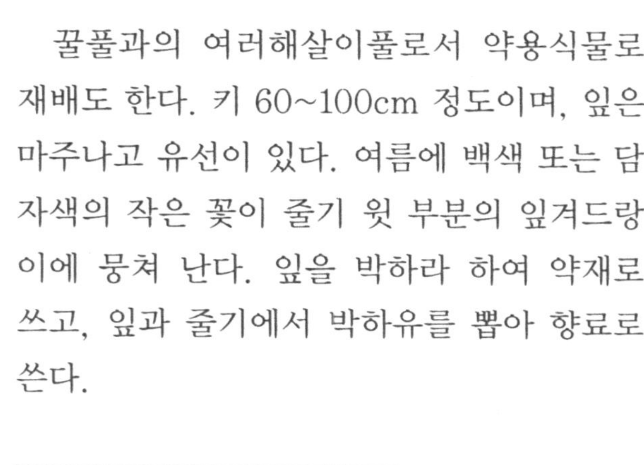

꿀풀과의 여러해살이풀로서 약용식물로 재배도 한다. 키 60~100cm 정도이며, 잎은 마주나고 유선이 있다. 여름에 백색 또는 담자색의 작은 꽃이 줄기 윗 부분의 잎겨드랑이에 뭉쳐 난다. 잎을 박하라 하여 약재로 쓰고, 잎과 줄기에서 박하유를 뽑아 향료로 쓴다.

보약 효능

해열 · 해독의 작용을 한다. 한방에서는 풍열 · 두통 · 인후통 · 치통 · 피부소양증 등의 치료 약재로 쓴다. 간을 보하고 폐 기능을 원활하게 한다. 박하잎의 주성분은 멘톨로서, 신경통 · 위통 · 천식 등의 내복약이나 청량제로 쓰인다.

박하차

보약 음식으로 만드는 궁합 재료

① 박하잎 20~30g
② 물 1ℓ

만드는 법

1) 7~8월에 채취한 박하잎을 깨끗하게 씻어서 말린다.
2) 용기에 물 1ℓ 정도를 붓고 끓인 물을 찻잔에 담아 박하잎을 띄운다.
3) 박하 맛이 우러나고 향기가 나면 마신다.
※ 박하는 성질이 향기로워 기氣를 소멸시키는 작용을 하므로, 한꺼번에 지나치게 많이 복용하면 땀이 멎지 않고 폐와 심장을 상하게 할 수 있다.

한방 요법

◎ 해열 및 건위〈박하술〉-7~8월에 채취한 박하잎이나 줄기를 잘게 썰어 재료의 3배 정도 분량의 배갈이나 소주(35° 이상이면 좋다)를 붓고 용기에 넣는다. 그 위에 설탕을 재료의 1/3 정도 넣고 밀폐한 뒤 1개월 이상 숙성하여, 소주 컵 1잔씩 식사 후 30분경에 마신다.
※ 〈박하뇌〉박하의 잎과 줄기를 증류하여 박하유를 뽑고, 이것을 섭씨 영하 22도로 냉각시켜 얻은 흰 결정체로서 의약품 · 향료 · 치약 등에 쓰인다.

여성의 미용과 얼굴 팩에 특효 반하

천남성과의 여러해살이풀이다. 한방에서는 반하 뿌리의 겉껍질을 벗기고 햇볕에 말린 것을 말한다. 반하는 키가 30cm 정도이고, 덩이줄기에서 잎자루가 긴 겹잎이 1~2개 난다. 잎자루 밑부분에 살눈이 1개씩 달린다. 녹색의 장과를 맺는다. 덩이줄기는 약용한다.

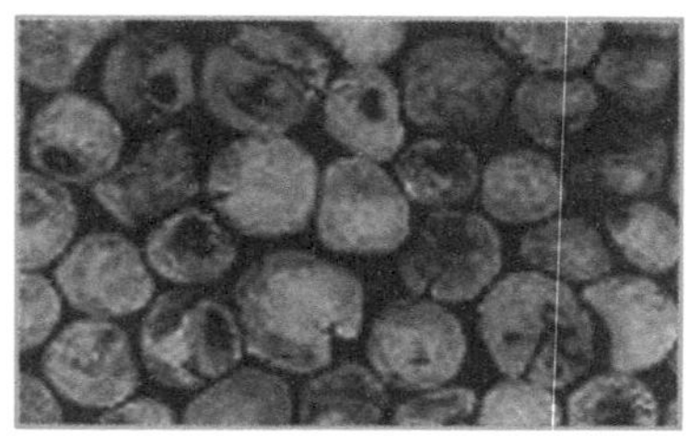

보약 효능

담 · 구토 · 해수 등에 좋은 약재이다. 특히 구토에 특효가 있으며, 인후종통 · 기침 · 어지럼증 · 두통 등 광범위하게 쓰인다. 본초강목에 반하의 가루를 쓰면 여성 피부 미용에 좋은 작용을 한다고 기록되어 있다.

반하가루 팩

보약 음식으로 만드는 궁합 재료

① 반하 8~10g
② 조각(皂角 : 주엽나무 열매의 껍질) 10g
③ 현미식초 약간

만드는 법

1) 반하를 절구에 빻아 곱게 가루를 낸다.(한약재상에서 구입해서 써도 쓴다)
2) 현미식초에 묽게 갠다.
3) 갠 것을 얼굴팩 하듯이 얼굴에 바르고 8시간 정도를 그대로 있는다.
4) 그동안 조각을 달인다.
5) 반하 팩을 떼내고 조각 달인 물로 얼굴을 씻어낸다.
6) 1주일에 한 번 정도 한다.

※ 본초강목에 보면, 이 방법을 자주 하면 얼굴에 윤이 나고 피부가 옥같이 된다고 했다.

● 한방 요법

입덧을 할 때〈반하탕〉-반하 10g 정도와 복룡, 생강 각 3g 정도를 물 250㎖에 함께 넣고 달여서 하루 3회로 나누어 마신다.(휘발성이 강하므로 달이는 시간이 짧아야 하며, 1일분씩 달여 하루에 다 먹도록 한다)
※ 반하는 독성이 있으므로 임신부는 복용을 금하고, 날것으로 쓰지 말아야 한다.

허기를 채울 만큼 훌륭한 영양식품 밤

밤나무는 참나뭇과의 갈잎큰키나무로서, 높이가 10m 정도이다. 잎은 마주나고 갸름한 피침형이며, 뾰족한 톱니가 있다. 자웅동주로 5~6월에 이삭 모양의 꽃이 피는데 특유한 향기를 풍긴다. 가을에 견과(밤)가 익으며, 가시가 많은 밤송이에 두 세개씩 열매가 들어 있다.

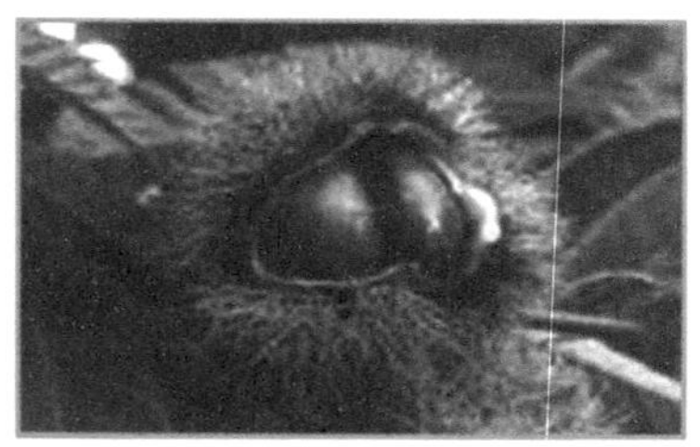

보약 효능

기를 도우며 위와 장을 튼튼하게 한다. 허기를 채울 만큼 훌륭한 영양식품이다. 몸이 허약하거나 비위가 약해 설사를 할 때, 콩팥이 약해 허리가 아플 때 쓰면 좋은 약재이다. 특히 밤에 다량 들어있는 탄수화물은 위장을 튼튼히 해 준다.

밤밥

보약 음식으로 만드는 궁합 재료

① 밤 20~30개
② 쌀 200g
③ 소금 약간

만드는 법

1) 밤의 껍질을 벗기고 속피를 제거해 알밤이 되게 한 후 찬물에 담구어 놓는다.
2) 쌀을 충분히 불린 뒤 체반에 받쳐 물기를 뺀다.
3) 밤과 쌀을 섞어 물을 붓고 밤밥을 짓는다.
4) 뜸이 충분히 들면 퍼서 먹는다. 소금으로 간을 약간 하면 먹기 좋다.

● 한방 요법

- 장腸과 위를 돕는 영양식〈밤죽〉–밤의 껍질과 속피를 제거한 알밤을 물에 불려 강판에 갈아 낸다. 물을 조금 치고 체에 걸러낸 즙을 불에 천천히 끓여 익히면 밤죽이 된다. 밤죽은 기침에도 좋다.
- 가시(닭뼈나 생선뼈 등)가 목에 걸렸을 때〈밤을 태운 가루〉–밤의 속껍질(속피)을 태워 부드러운 잿가루로 만들어 두었다가, 그 가루를 대롱으로 조금씩(0.2g 정도) 두어차례 불어 넣으면 곧 내려간다.

중풍에 특효, 편두통·어지럼증을 다스리는 방풍

미나릿과의 여러해살이풀이다. 높이 1m 정도이며, 잎은 어긋나고 깃꼴로 갈라진다. 여름에 흰 꽃이 핀다. 2년 된 뿌리는 가을에 채집하여 말려서 약용한다. 어린싹은 방풍나물이라 하여 죽으로 써서 먹는다.

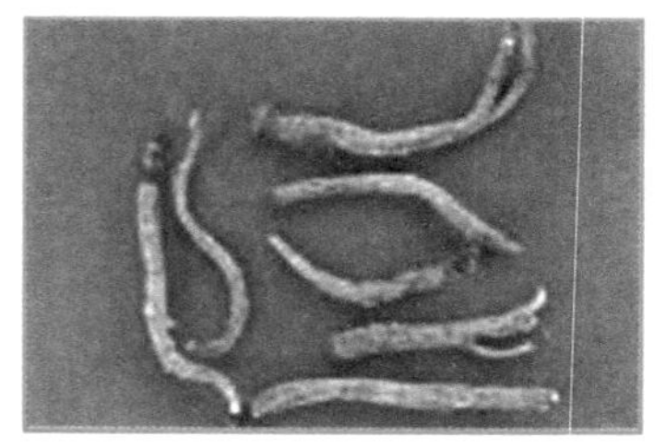

보약 효능

방풍은 '바람을 맞았다'는 중풍증을 예방·치료한다는 뜻에서 '방풍防風'이라고 한다. 말 그대로 풍을 막는 효능이 있다. 따라서 해열 효과와 혈액순환, 두통(특히 편두통)과 어지럼증 등 중풍의 초기 증세를 다스린다. 또한 전신의 통증 해소와 거담·진해 효과도 있다.

방풍약탕

보약 음식으로 만드는 궁합 재료

① 방풍 뿌리 15g
② 물 500㎖

만드는 법

1) 방풍 뿌리 한줌(약 15g)을 용기에 넣고 물 500㎖를 부어 달인다.
2) 달인 물이 반량(250㎖)이 되면 불에서 내려 베보자기로 짜서 찌꺼기는 내리고 달인 물만을 쓴다.
3) 하루에 2~3번으로 나누어 미지근하게 해서 다 마신다. 꿀이나 설탕은 되도록 타지 않는 것이 좋다.
※ 방풍약탕은 중풍 환자에게 좋다. 장복하면 뚜렷한 효과를 볼 수 있다. 감기와 두통에도 효험하다.

● 한방 요법

◐ 땀을 많이 흘리는 중풍 환자〈방풍황기탕〉-방풍과 황기를 각각 10g씩 넣고 달여서(위와 같은 방법으로) 하루 2~3회로 나누어 식간에 마시면 좋다.
◐ 코피가 잘 나고 감기에 잘 걸릴 때〈방풍죽〉-방풍의 어린싹을 잘게 썰어서 멥쌀과 섞어 죽으로 쑤어 먹는다.
※ 보통 사람의 경우, 땀이 많이 날 때는 쓰지 않는 게 좋다.

소화를 돕는 청량 음식 배

배나무는 장미과에 속하는 갈잎큰키나무이다. 키 3m 내외이며 3~4월경에 흰 빛의 다섯꽃잎이 잎겨드랑이에 세송이씩 한 데 붙어서 핀다. 열매(배)는 익으면 껍질에 작은 반점이 생기며 둥굴고 수분이 많고 단맛이 있다. 흔히 재배한다.

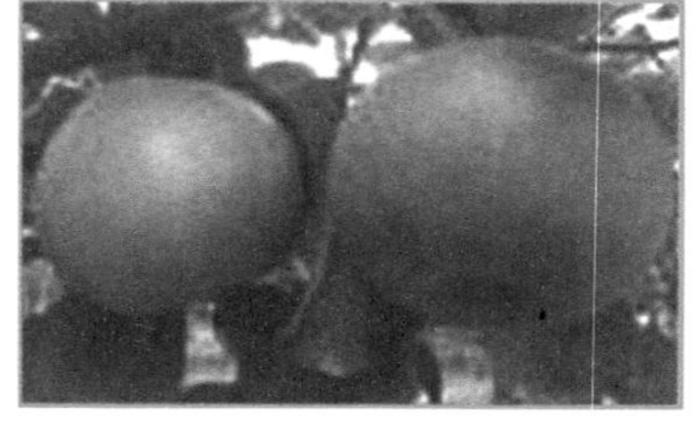

보약 효능

해독 작용을 하며 폐를 소통하고 심장을 식힌다. 가래를 삭히고 기침을 멎게 한다. 수분이 많아 조갈증에 좋고 담을 삭혀 주고 화火를 내리며, 술독을 풀어 준다. 입 안을 개운하게 하고 소화를 돕기 때문에 고기에 곁들여 먹으면 좋다.

배청량탕

보약 음식으로 만드는 궁합 재료

① 배 20~25개
② 설탕 300g

만드는 법

1) 배를 잘 씻어 껍질을 벗긴다.
2) 강판에 배즙을 곱게 내어 2~3시간 정도 용기에 담아 둔다.
3) 잘 저며진 배즙을 냄비에 담아 설탕을 넣고 중간불로 멀건죽이 될 때까지 끓인다.
4) 자작자작 끓여지면(밑에 눗지 않도록 나무수저로 잘 저어 준다) 용기에 옮겨 담아 냉장고에 보관한다.
5) 하루 3회 공복에 큰술 한 숟가락씩 퍼내어 끓인 물에 타서 마신다.
※ 배청량탕은 향기롭고 달콤하여 피로 회복에 좋고, 특히 더위를 해소시키는 청량제로 좋은 음식이다.

● 한방 요법

잇몸이 붓고 고름이 날 때〈배 달인 물〉-배 1개를 내심과 씨를 빼내고 그 속에 얼음사탕을 가득 채워 넣는다. 거기에 물 두 사발을 붓고 한 사발이 되도록 달여서 수시로 과육과 달인 물을 먹는다.
※ 배는 냉한 식품이므로 임산부나 부스럼 환자는 피하도록 한다.

술독을 해소하고 소화를 돕는 배추

십자화과의 한해살이 또는 두해살이 채소이다. 잎은 뿌리에서 여러 겹으로 포개져 자라는데 길둥근 물결 모양으로 자라고 연하다. 속은 황백색이고 겉은 녹색이다. 봄에 십+자 모양의 노란 꽃이 핀다. 개량 품종이 많다. 잎 · 줄기 · 뿌리를 다 먹는다.

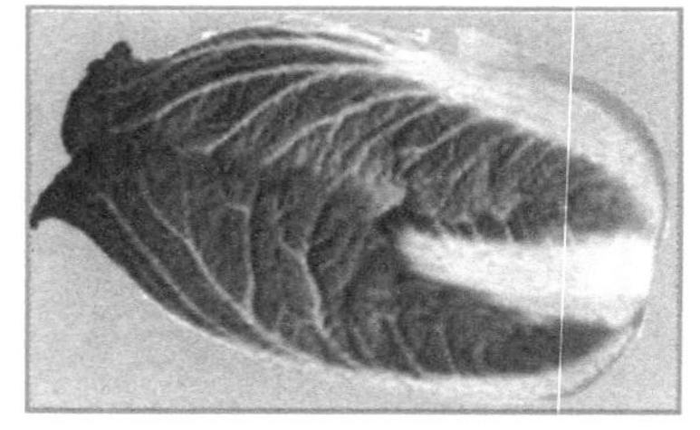

보약 효능

위와 장을 소통 · 해통하며, 소변을 잘 나오게 한다. 비타민C가 풍부하고 칼슘 성분이 다량 함유되어 있다. 때문에 술독을 해소하고 위를 시원하게 소통시켜 준다. 김치의 주원료로서 구미를 돋우고, 저장이 용이한 우리의 대표적 식품이다.

배추속댓국

보약 음식으로 만드는 궁합 재료

① 배추 속대(2단 정도)
② 토장(된장) 30g
③ 대파 1쪽, 붉은고추 1개, 풋고추 2개, 부추 1/3단
④ 양념(고춧가루, 설탕, 깨소금, 생강, 다진 마늘, 후추, 조미료 약간)

만드는 법

1) 배추를 반으로 쪼개어 겉잎을 떼어내고 속대를 속아내어 알맞게 죽죽 찢는다.
2) 속대에 굵은 소금을 뿌려 살짝 절인다.
3) 생강, 마늘, 붉은고추를 곱게 다지거나 믹서에 갈아 둔다.
4) 대파와 풋고추를 어슷어슷 잘게 썰어 둔다.
5) 토장(된장)을 끓는 물에 넣고 조금 더 끓이다가 절인 속대를 넣고 어느 정도 익을 때까지 또 끓인다.
6) 대파와 풋고추를 넣고 조금 뒤 부추를 넣고 중간불로 계속 끓인다.
7) 마지막에 양념을 털어 넣고 끓여 넘칠 때쯤 불을 끄고 그릇에 담아 낸다.

※ 배추속댓국(숭심탕菘心湯)은 비타민과 칼슘이 풍부하여 위장의 소화 기능을 돕고, 특히 술독을 푸는 해장국으로 좋다.

※단, 배추를 과용하면 냉병을 유발하기 쉽다. 이럴 때는 생강을 먹으면 풀어진다.

구워 먹으면 1등 스태미나식 뱀장어

뱀장어과의 민물고기이다. 몸길이 약 60cm 정도이며, 가늘고 길다. 누른빛 · 검은빛 등 여러 가지인데 배는 은백색이다. 배지느러미가 없고 잔 비늘이 피부에 묻혀 있어 보이지 않는다. 민물에서 생활하다 바다로 가 산란한다. 맛이 좋아 양식을 많이 한다.

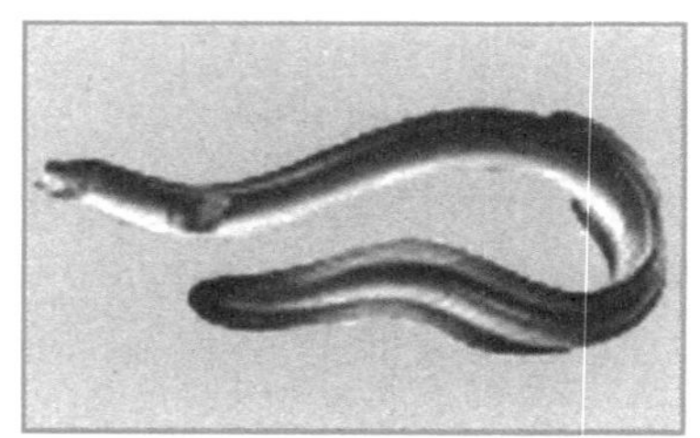

보약 효능

비타민 A가 쇠고기의 200배 이상 들어 있으며, 정력 식품으로 잘 알려져 있다. 특히 구워 먹으면 더욱 효과가 있다. 여성의 자궁 부위가 가렵거나 염증 등의 질환을 다스리는 효과가 있으며, 남성의 경우 양기를 돋우는 특효가 있다. 또한 치질 · 종기 · 부스럼 등을 낫게 한다.

장어구이

보약 음식으로 만드는 궁합 재료

① 뱀장어 2~3마리
② 생강 3~4쪽, 구이장(육수에 간장, 고추장, 물엿, 청주나 소주, 다진 마늘, 생강즙, 고춧가루, 후추를 넣고 걸쭉하게 끓여 낸 것)

만드는 법

1) 장어를 손질하여 몸통을 통째로 벌려 포로 뜬다. 이때 장어 머리와 뼈도 핏기를 깨끗이 씻어내고 같이 쓴다.
2) 용기에 머리와 뼈를 넣고 약한 불로 육수를 만든다. 이때 한약재(대추, 감초, 잣, 밤 등)를 달여서 함께 육수에 혼합하면 좋다.
3) 포를 뜬 장어를 뜨겁게 달군 석쇠에 올려 적당히 익힌 뒤 앞뒤에 구이장을 발라가면서 굽는다.
4) 익힌 장어를 5~6cm 길이로 썰어 내어 통깨를 뿌린 다음 생강채를 곁들어 낸다.

● 한방 요법

◎ 폐렴 증세〈뱀장어 기름〉-뱀장어를 산 채로 병 안에 1~2마리를 넣어 밀봉한 다음 병이 잠기도록 물속에 1시간 정도 끓이면 병속에 뱀장어 기름이 나온다. 이 기름을 1순갈씩 1일 3회, 일주일 가량 먹으면 특효가 있다.

장을 튼튼하게 하고, 특히 각기에 좋은 보리

벼과의 한해(봄보리) 또는 두해살이(가을보리) 재배 곡식이다. 줄기는 곧고 속이 비었으며 마디가 길다. 키는 1m 가량이다. 이삭에는 긴 수염 까끄라기가 있고 6월경에 여문다. 알이 껍질에서 잘 떨어지면 쌀보리, 잘 떨어지지 않으면 겉보리라 한다.

보약 효능

장을 튼튼히 하고 소화를 돕는 알칼리성 식품이다. 영양가가 쌀이나 밀가루보다 훨씬 앞선다. 오래 먹으면 각기에 특효가 있다. 보리를 가루로 먹으면 체중을 내리고 보리쌀로 죽을 쑤어 먹으면 장에 이롭다. 당뇨병, 변비에도 좋은 식품이다.

보리밥열무비빔밥

보약 음식으로 만드는 궁합 재료

① 보리쌀 3컵
② 쌀 1컵, 열무김치 적당량, 쇠고기 50g, 깻잎 7~8장
③ 양념장(고추장 · 설탕 · 다진 마늘 · 물엿 · 참기름 · 깨소금 등 기호에 따라 버무린 것)

만드는 법

1) 보리쌀과 멥쌀을 푹 불려서 밥을 짓는다.
2) 쇠고기에 참기름 · 다진 마늘을 넣고 볶는다. 깻잎은 잘게 채를 썬다.
3) 밥이 다 되면 쇠고기 볶은 것, 깻잎 채 썬 것, 양념장을 모두 넣고 열무김치를 적당량 넣어 잘 섞어 비빈다. 기호에 따라 고추장과 참기름을 가미한다.

※ 위와 같은 재료에 양념장 대신 멸치를 넣고 걸쭉히 달인 된장을 넣어 비벼 먹어도 별비가 된다.

※ 보리밥열무비빔밥은 입맛을 나게 하고 소화가 잘 되는 우리 고유의 특미 음식이다. 성장기 어린이의 영양식으로 좋고, 하체를 튼튼히 하는 효과가 있다.

※ 위장이 허약하거나 식욕이 부진할 때〈보릿가루〉-보리쌀을 노릇노릇하게 볶아 가루를 내어 끓인 물에 7~8g씩 타서 매일 3차례 식사 사이에 마시면 효험하다.

이뇨 · 진정 · 혈압 강하 · 피부 미용에 좋은 복령

담자균류 구멍장이버섯과의 버섯이다. 공 모양 또는 길둥근 모양의 균체 덩어리로 땅속에서 큰 소나무의 뿌리 주위에 기생한다. 표면은 적갈색 또는 흑갈색의 두꺼운 껍질로 싸여 있다. 속살이 흰 것은 백복령, 불그스레한 것은 적복령이라 한다. 한약재로 쓰인다.

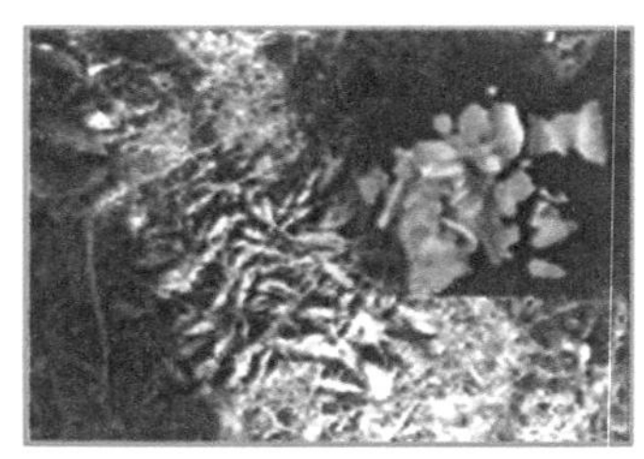

보약 효능

땅속에 묻힌 영험한 물체라 하여 '복령茯苓'이라 한다. 주요 효능은 자양을 강장하고 혈당 수치를 내린다. 이뇨 작용과 진정 작용이 탁월하다. 특히 백복령은 여성의 기미나 주근깨 · 검버섯 등에 훌륭한 치료 효과가 있다.

복령산약차

보약 음식으로 만드는 궁합 재료

① 백복령 20g
② 산약(마의 뿌리) 20g
③ 벌꿀 25g, 대추, 잣 적당량

만드는 법

1) 백복령과 산약을 곱게 가루를 낸다.
2) 그 가루를 끓는 물에 타고 벌꿀을 넣은 뒤, 잘 저어 즙처럼 약간 걸쭉한 차로 만들어 대추와 잣을 띄어 마신다.
3) 하루 3회 찻잔으로 1잔씩 식후에 마신다.
※ 복령산약차는 비장과 위장의 기능을 돕고 정력을 키워 주는 효능이 있다. 즐겨 마시면 무병 장수에 도움이 된다.

● 한방 요법

- 만성설사 · 암의 예방〈백복령죽〉–먼저 멥쌀로 죽을 쑨 뒤, 백복령 가루를 뿌리고 잘 섞어 끓여서 죽을 완성한다. 식사 반 만큼의 대용으로 먹는다.
- 여드름 치료〈백복령 가루〉–백복령을 곱게 가루를 내어 벌꿀과 같은 양으로 개어서 얼굴에 바르면 여드름이나 임산부의 주근깨를 없애는 데 효과가 있다.
  ※배뇨가 잦은 사람은 사용을 금한다.

양기를 돋우고 시력 감퇴를 막아 주는 복분자

복분자는 장미과에 속하며, 갈잎떨기나무인 복분자딸기의 열매이다. 복분자딸기는 키 3m 정도이며, 땅에 닿은 줄기에서 뿌리가 내린다. 잎은 깃꼴겹잎인데 어긋난다. 5~6월에 담홍색 꽃이 피고, 열매는 7~8월에 붉은 흑색으로 익는다. 복분자는 식용·약용한다.

보약 효능

복분자에는 구연산·포도당·비타민 C 등이 들어 있다. 신경 안정 및 보혈의 약효가 있어 신장을 보하고 정력을 강화시켜 준다. 또 소변이 잦은 증상과 어린이의 오줌싸개를 다스리는 데도 사용된다. 특히 양기를 돋우는 데 우수한 약재이다.

복분자차

보약 음식으로 만드는 궁합 재료

① 복분자 50g
② 설탕 약간

만드는 법

1) 갓 익은 복분자를 채취(7월말 경)하여, 10일 정도 그늘에 말린다.
2) 말린 복분자를 끓는 물에 1~2분간 담갔다가 건져내어 채반에 받쳐 햇볕에 말린다.(10일 정도면 충분하다)
3) 잘 건조된 복분자를 방아에 찧어 곱게 가루를 낸다.
4) 유리병에 보관하고 차로 마실 때, 끓는 물에 타서 하루에 2~3잔씩(8~10g) 마시면 좋다.

※ 복분자차는 신경 쇠약으로 인한 시력 감퇴와 이명증(귀울림)에도 효과가 있다.

● 한방 요법

◎ 정력이 감퇴될 때〈복분자술〉-말린 복분자 150g과 말린 오미자 100g을 찧어서 청주를 뿌려 시루에 찐다. 이것을 잘 말려 항아리나 유리병에 담고 배갈이나 소주(35° 이상이면 좋다) 1.5ℓ 정도를 붓고 설탕(흑설탕이면 더 좋다) 300g 정도를 치고 밀봉한다. 서늘한 음지나 냉장고에 2개월 이상 보관했다가 마신다. 1일 소주잔 1잔씩 공복에 3차례 마시면 정력 증강과 피로 회복에 큰 효과가 있다.

부인병에 아주 좋은 혈약血藥 복숭아

복숭아나무는 장미과의 갈잎작은잎큰키나무이다. 높이가 약 3m이고, 잎은 어긋난다. 꽃(도화桃花)은 4~5월에 잎보다 먼저 백색이나 담홍색으로 핀다. 7~8월에 누르거나 붉은 열매(복숭아)가 공 모양으로 크게 익는데, 과육이 부드럽고 맛이 좋다. 나무 전체의 부위별로 약으로 쓴다.

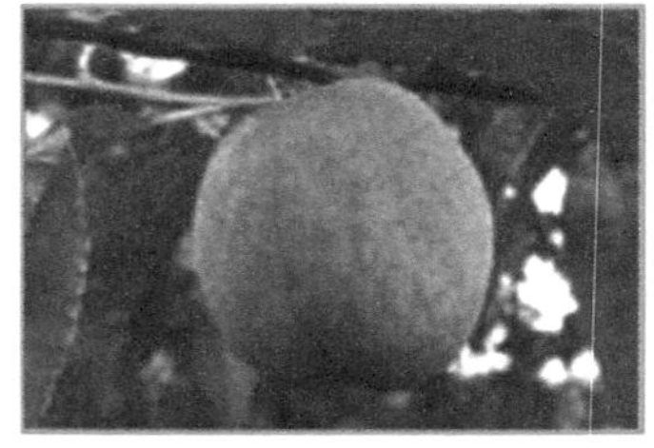

보약 효능

부인병을 다스리는 데 아주 좋은 과일이다. 대소변이 원활하지 않을 때 복숭아 껍질이나 잎을 삶아서 하루 수차례 보리차 마시듯 마시면 효과를 볼 수 있다. 한방에서 혈약血藥이라 할 만큼 피를 깨끗이 하고 폐를 좋게 한다.

복숭아사과즙

보약 음식으로 만드는 궁합 재료

① 복숭아 2개
② 사과 1/2개
③ 우유 반컵 또는 꿀 1/4컵
④ 생수 반컵 ⑤설탕 약간

만드는 법

1) 복숭아와 사과를 깨끗이 씻어 껍질과 씨를 제거한 다음 큼직하게 썬다.
2) 토막 낸 복숭아와 사과를 믹서에 함께 넣고 곱게 간다.
3) 즙을 갈아 낸 용기에 담아두고 마실 때는 큰 컵 1컵 분량의 즙에다 설탕을 섞은 우유를 넣거나 꿀을 넣어 잘 혼합하여 마신다. 2회로 나누어 다 마신다. 얼음을 띄우면 더 좋다.
※ 복숭아와 사과에는 비타민, 무기질, 펙틴이 다량 함유되어 있어 장을 자극하므로 변비에 효과가 있다.

● 한방 요법

◎ 땀띠 날 때〈복숭아 잎 전신욕〉-신선한 복숭아잎을 따서 물로 깨끗이 씻은 다음 약 500g을 욕조에 띄우고(따끈한 물) 전신욕을 20분 가량 하면 효과가 있다.
◎ 머리의 비듬-갓 핀 복숭아 꽃봉오리와 뽕 열매(오디)를 각각 말려서, 같은 양을 돼지기름에 개어 바르면 된다.

몸을 덥게 하고 기운을 돋우는 부추

백합과의 여러해살이풀로서, 봄철에 땅속 비늘줄기로부터 길이 30cm 쯤 되는 가늘고 긴 잎이 모여 나며 그 끝에 흰 빛의 작은 여섯 잎 꽃이 수십 개 핀다. 잎에서 마늘과 비슷한 강한 특유의 냄새가 난다. 비늘줄기와 씨(구자)를 식용 · 약용한다.

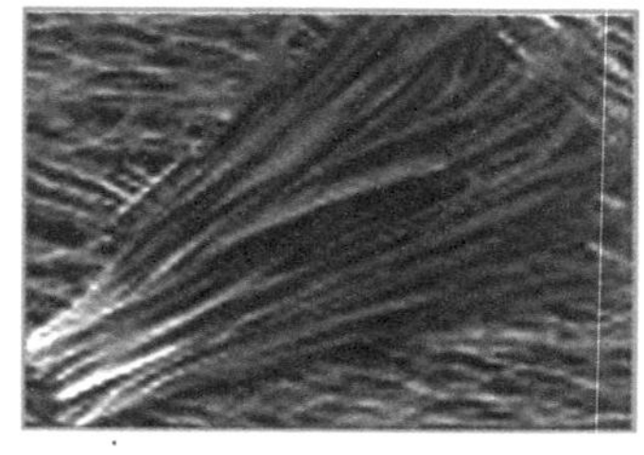

보약 효능

본초강목에 뿌리와 잎을 익혀 먹으면 몸을 덥게 하고 기운을 돋우며, 장기의 기능을 조화시켜 약독藥毒을 풀어준다고 했다. 기침과 설사 방지에도 효과가 있다. 남성의 발기 능력을 높이고, 여름을 타는 것을 막는 데는 뱀장어보다 효과가 낫다고 한다.

부추파무침

보약 음식으로 만드는 궁합 재료

① 부추 250g
② 대파 2뿌리의 흰 대궁
③ 양념장(고춧가루, 참기름, 통깨, 소금, 식초, 술 등으로 기호에 맞게 만든 것)

만드는 법

1) 부추를 잘 다듬어 5~6cm 길이로 자른다.
2) 대파의 푸른 줄기와 뿌리를 잘라 다른 음식에 쓰고, 흰 대궁 부분만을 가늘게 채를 썬다.
3) 부추와 대파에 양념장을 넣고 무쳐 낸다.
※ 부추파무침은 식욕을 돋우고 양기를 돕기 때문에 여름 음식으로 좋다. 단, 몸에 열이 있는 사람은 많이 먹지 않도록 한다.

● 한방 요법

- 오줌이 자주 마려울 때〈부추씨 가루〉–말린 부추씨 30~40개를 잘게 부수어(마시기 쉬울만큼), 따끈한 물에 타 한 번에 다 마신다. 1일 1회 3~4일 계속한다.
- 냉병, 부인병〈부추생즙〉–부추즙을 2~3회 나누어 마신다. 써서 마시기 힘들 때는 당근이나 사과즙을 넣어 마시도록 한다.

혈액 순환 · 갈증 해소 · 비만 · 각기에 효과 비파

비파나무는 장미과의 늘푸른큰키나무이다. 높이 5~10m이며, 길둥근 큰잎 가장자리에는 톱니가 있고 뒤쪽에 갈색털이 있다. 10~11월에 흰 꽃이 달리며, 다음해 6월경에 비파(악기) 모양의 열매가 황색으로 익는다. 열매(비파)는 식용하고 잎은 약용으로 쓰인다.

보약 효능

비파잎은 학질 · 구토 · 갈증 · 진해 · 건위 · 이뇨 등에 약재로 쓰인다. 폐를 보하고 담에 의한 열증을 해소한다. 매독 등 피부 질환을 치료하고 열과 더위를 식혀 준다. 비만과 각기에도 효능이 있다. 열매는 고약을 만들어 폐병 · 기관지천식 · 해수 치료제로 효과가 있다.

비파잎차

보약 음식으로 만드는 궁합 재료

① 비파잎 적당량
② 꿀 또는 설탕 약간

만드는 법

1) 비파잎을 깨끗이 씻어 음지에 널어 물기를 빼고 바싹 말린다.
2) 말린 비파잎을 프라이팬에 올리고 약한 불에 약간 볶듯이 굽는다.
3) 살짝 구은 비파잎의 잎가에 있는 털을 말끔히 제거하고 잘게 썬다.
4) 비파잎 3~4개를 썬 것을 삼베나 가제 천에 싸서 끓는 물에 넣고 2~3분 정도 우려 낸다.
5) 우린 물을 약간의 꿀이나 설탕을 타서 하루 2~3차례 공복에 마신다.
※ 비파잎차는 비만 해소에 좋다. 코피가 잘 나는 데, 열을 식히는 데에도 효과가 있다.

● 한방 요법

◎ 피로하고 밥맛이 없을 때〈비파술〉-열매 1kg 정도에 소주(35° 이상이면 좋다) 1.8ℓ를 붓고 설탕 200g 정도를 넣어 6개월 정도 숙성시켜 걸러 마시면 좋다. 하루 3회, 소주잔으로 1잔씩 마신다.
※ 비파잎을 쓸 때는 완전히 말리고, 잎의 갓털을 제거해서 쓴다.

혈액을 순환시키고 피부 미용에 좋은 뽕나무

뽕나뭇과의 갈잎큰키나무 또는 갈잎떨기나무이다. 키는 3~4m이고 잎은 어긋나며, 끝이 뾰족한 달걀 모양으로 잎가에 톱니가 있다. 봄에 잎겨드랑이에 황록색 꽃이삭이 달리고 6월경에 검은 자줏빛의 열매(오디)가 달린다. 오디는 식용하고 잎은 누에의 사료, 약용으로 쓰인다.

보약 효능

뽕나무잎에 함유되어 있는 카로틴은 간장을 보하고 눈을 밝혀 주며, 혈액 순환을 원활하게 하는 작용을 한다. 오디는 현기증 · 불면증 · 변비 · 머리가 희어지는 증상에 효과가 있다. 뽕나무 뿌리의 속껍질(상근백피)은 담을 삭히는 약으로 쓴다.

오디술

보약 음식으로 만드는 궁합 재료

① 뽕나무 열매(오디) 800g~1kg
② 소주(35° 이상이면 좋다) 1.8ℓ
③ 흑설탕 300g

만드는 법

1) 7~8월에 채취한 오디를 물에 살짝 헹구는 식으로(열매가 연해 뭉크러지기 쉬우므로) 씻어 물기를 빼고 용기에 담는다.
2) 소주를 붓고 설탕을 넣는다.(설탕은 오디 자체에 단 맛이 많아 재료의 1/3이나 반이 안 될 정도로 넣는다)
3) 밀봉하여 서늘한 곳이나 냉장고에 보관한다.
4) 2~3일에 한 번씩 흔들어 주면서 1개월 정도 두면 숙성되는 데 그때쯤 오디알갱이는 건져내는 게 좋다.
※ 오디술은 빛깔이 좋은 여성 취향의 술이다. 강장 청량제로 좋다.

● 한방 요법

- 여드름 · 기미가 많을 때〈뽕잎즙〉–뽕잎(상엽) 100g 정도를 즙을 내고 꿀 20g 정도를 섞어 환부를 잘 문질러 주면 피부가 윤기가 나며 탄력이 생긴다.
- 몸이 부을 때〈뽕나무 가지 삶은 물〉–뽕나무 가지 600g과 팥 600g을 물 10ℓ 에 넣고 물이 반이 되도록 삶은 다음 그 물을 자주 마시면 효과가 있다.

각종 성인병을 예방하는 보양 식품 사과

사과나무는 장미과의 갈잎큰키나무이다. 잎은 어긋나며 넓은 타원형이다 4~5월에 약간 붉은 빛을 띤 흰 꽃이 잎과 함께 핀다. 열매(사과)는 8~9월에 익는데, 비타민 C가 풍부하며 단맛과 신맛이 있다. 국광 · 홍옥 등 많은 개량 품종이 있다.

보약 효능

사과산 · 구연산 · 비타민 A, B, C 등 영양이 풍부하다. 소화불량이나 입 안이 마르고 대변이 원활하지 못한 증상에 효과적인 식품이다. 특히 사과 100g 중에는 110mg의 칼륨이 들어 있어 고혈압에 좋다. 소화를 돕고, 미용과 각종 성인병을 예방하는 효과도 있다.

사과꿀찜

보약 음식으로 만드는 궁합 재료

① 사과 1개(식구 수대로 증감)
② 꿀이나 설탕 적당량

만드는 법

1) 깨끗이 씻은 사과를 껍질째 꼭지를 딴 다음 속의 씨와 속심을 숟가락 등으로 잘 갉아낸다.
2) 그 속에 꿀이나 설탕을 가득 채운 뒤 꼭지를 덮고 이쑤시개로 찔러 원상태로 한다.
3) 사과를 그릇에 담아 찜통에 넣고 30~40분 가량 찐다. 한 번에 여러 개씩 넣고 쪄도 좋다.
4) 사과가 물렁하게 쪄지면 이쑤시개를 빼고 반개나 1개를 식후에 먹는다.
※ 사과꿀찜은 영양식으로 좋고, 특히 변비에 잘 듣는다.

한방 요법

- 식욕이 없을 때〈사과요구르트〉-사과 1개를 강판에 갈아 요구르트 작은 것 1병을 섞어 믹서에 갈아 마신다.
- 잠을 못자고 머리가 아플 때-식후마다 사과 1개를 껍질째 장복하면 효과가 있다. 껍질이 불결할 때는 소금물이나 식초를 조금 탄 물에 잘 씻어서 먹는다.

조루증 · 요통 · 월경과다 · 소변과다증을 다스리는 산수유

산수유나무는 층층나뭇과의 갈잎큰잎큰키나무이다. 높이 약 3m이다. 관상수로 인기가 있다. 이른 봄에 노란 꽃이 잎보다 먼저 피어난다. 가을에 길이 1.5cm 정도의 긴 타원형 열매(산수유)가 익는다. 씨를 뺀 열매를 말려서 한약재로 쓴다.

보약 효능

산수유는 회춘을 시켜 주는 약효가 있다고 전해진다. 허리 · 무릎 등 관절에 통증이 있고 시린 데에 효과가 있다. 소변이 자주 나올 때, 월경이 과다하게 나올 때에도 처방한다. 또 발기가 잘 안되거나 조루증이 있을 때 장복하면 효과를 볼 수 있다.

산수유젤리

보약 음식으로 만드는 궁합 재료

① 산수유 날것 10g
② 한천(寒天 : 우무) 2장
③ 설탕 1컵

만드는 법

1) 씨를 뺀 산수유(날것)에 물 1컵을 붓고 약한 불로 1시간 쯤 달이다가 물이 반으로 줄면 베보자기에 넣고 걸러서 그 물을 쓰고 산수유 알은 그 뒤에 쓴다.
2) 한천은 1시간 전에 물에 담가 부풀려 놓는다.
3) 용기에 물 두컵 가량을 붓고, 부풀린 한천을 잘게 썰어서 넣고 약한 불에 저으면서 녹인다.
4) 한천이 다 녹으면 산수유 달인 물과 설탕을 적당히 넣고, 역시 약한 불로 계속 달인다.
5) 달인 물이 끈끈해 지면 베보자기에 또다시 짜서 식힌다. 이때 응고가 된다.
6) 응고되기 시작할 때 달이다가 걸러 둔 산수유를 우무 위에 적당히 뿌린다.
7) 적당한 크기로 썰어서 산수유와 함께 먹으면 된다.
※ 산수유젤리는 신장 기능과 생식 기능을 돕는 강장 식품으로 손꼽힌다.
※ 부종이 있고 소변을 잘 보지 못하는 사람은 삼가는 것이 좋다.

소화불량 · 위산과다증 등 위를 다스리는 산초

산초나무는 운향과의 갈잎큰잎떨기나무이다. 높이 3~4m이며, 봄에 가지 끝에 녹황색의 작은 꽃이 핀다. 가을에 작은 공 모양의 열매(산초)가 빨갛게 익으면서 벌어지면 그 속에서 광택이 있는 까만 씨가 나온다. 특이한 향이 있고 식용 · 향신료로 쓰인다.

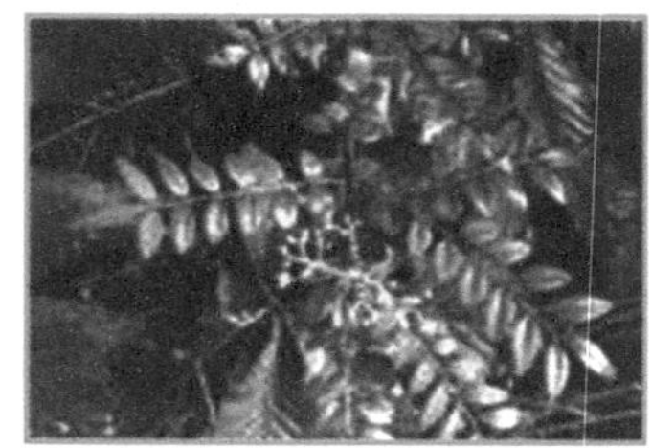

보약 효능

주로 위를 자극하여 신진대사 기능을 원활히 하며, 설사와 구역질이 나는 데에 효과가 있다. 이뇨효과가 있어 부종과 구충 · 지사제로도 쓰인다. 소화불량으로 복통이 나고 토하고 싶을 때나 가슴이 답답할 때 산초 20알 정도를 먹으면 풀린다고 한다.

산초술

보약 음식으로 만드는 궁합 재료

① 산초나무의 잔가지, 새싹(잎 또는 꽃을 함께 써도 좋다), 열매(씨가 든 채로 함께 쓴다) 적당량
② 소주
※ 잔가지는 겨울, 열매는 6월경, 새싹은 4~5월에 채취한 것이 좋다.

만드는 법

1) 잔가지를 2~3cm 정도로 자른다.(껍질이 딱딱할 때는 벗기는 것이 좋다)
2) 자른 잔가지와 새싹, 열매, 잎, 꽃 등을 용기에 함께 넣고, 모든 재료의 3~4배 분량의 배갈이나 소주(35° 이상이면 좋다)를 붓고 밀봉한다.
3) 서늘한 곳이나 냉장고에 보관하여 3개월 이상 숙성하여 마신다. 건더기는 먹지 않도록 하고, 마실 때 향내가 거북하면 설탕을 조금 넣어 마신다.
※ 산초술은 위산과다증 · 만성설사 · 위궤양 등에 효과가 있고, 입맛을 돋우어 준다.

● 한방 요법

◎ 피부가 튼 데-열매(산초)의 껍질(씨를 뺀 것)을 적당량 달여서 그 즙을 환부에 바르면 효과가 있다.
◎ 벌레에 물려 가려운 데-산초나무 잎을 알코올에 적셔서 붙이면 즉시 가려움증이 가신다.

폐병 · 기침가래, 각종 부스럼에 효과 살구

살구나무는 장미과의 갈잎큰잎큰키나무로서, 키가 5~7m이다. 잎은 어긋나고 넓은 타원형이다. 봄에 연분홍 꽃이 잎보다 먼저 피는데, 꽃자루가 거의 없다. 둥근 열매가 7월경에 황적색으로 익고 털이 많다. 열매(살구)는 식용하고 씨 속 알맹이는 약재로 쓴다.

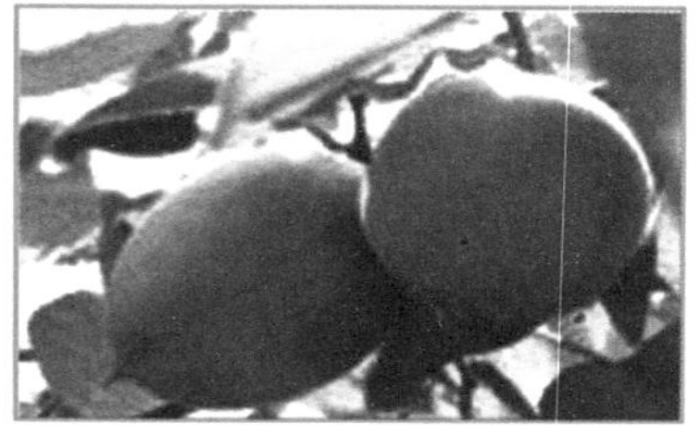

보약 효능

가래를 삭히고 기침을 멎게 하며, 배변이 잘 되게 한다. 몸이 허약하고 과로에 의한 기침, 식중독이나 가래가 많을 때 사용한다. 행인杏仁(살구씨 속 알맹이)은 폐병 · 백일해 · 각종 종기와 부스럼 · 부종에 효과가 있다. 미용에도 효험하다.

살구술

보약 음식으로 만드는 궁합 재료

① 살구 500~600g(7~8월에 채취한 것을 쓴다. 익은 것과 조금 덜익은 것을 반반 섞는다)
② 배갈 또는 소주(35° 이상이면 좋다) 1.8ℓ
③ 설탕 300g

만드는 법

1) 살구를 잘 씻어 물기를 완전히 뺀다.
2) 배갈 또는 소주에 살구를 넣고 설탕(흑설탕이 좋다)을 위에 뿌려 밀봉한다.
3) 서늘한 곳이나 냉장고에 보관하여 2~3개월이 지나면 설탕이 밑으로 침전한다. 이때 몇차례 흔들어 잘 배합되도록 한다.
4) 3개월 정도 지나 숙성되면 아침 저녁으로 공복에 소주잔 1~2잔씩 마신다.

※ 살구술은 예부터 진해 · 거담 · 이뇨제로 사용해 왔다.

● 한방 요법

◎ 몸이 허약하거나 기침이 자주 날 때〈살구정과〉-푸른 살구를 껍질을 벗기고 소금에 절였다가 물에 담가 짜고 신맛을 뺀 다음, 꿀 또는 설탕에 조린 과자로 만들어 먹는다.
※ 행인은 독성이 있으므로 날것으로 먹지 않아야 한다.

불면증에 특효, 신경과민 증세를 완화하는 상추

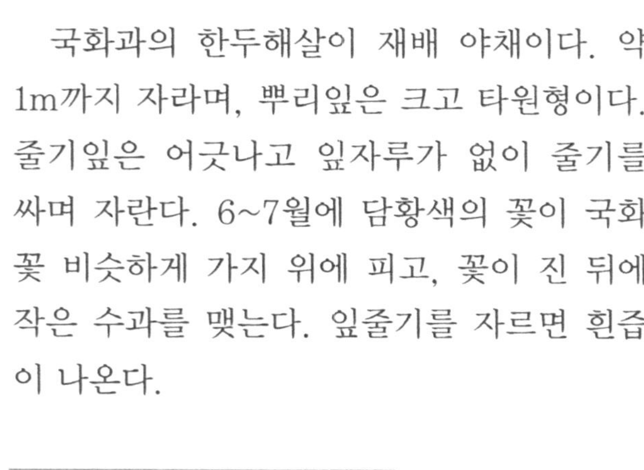

국화과의 한두해살이 재배 야채이다. 약 1m까지 자라며, 뿌리잎은 크고 타원형이다. 줄기잎은 어긋나고 잎자루가 없이 줄기를 싸며 자란다. 6~7월에 담황색의 꽃이 국화꽃 비슷하게 가지 위에 피고, 꽃이 진 뒤에 작은 수과를 맺는다. 잎줄기를 자르면 흰즙이 나온다.

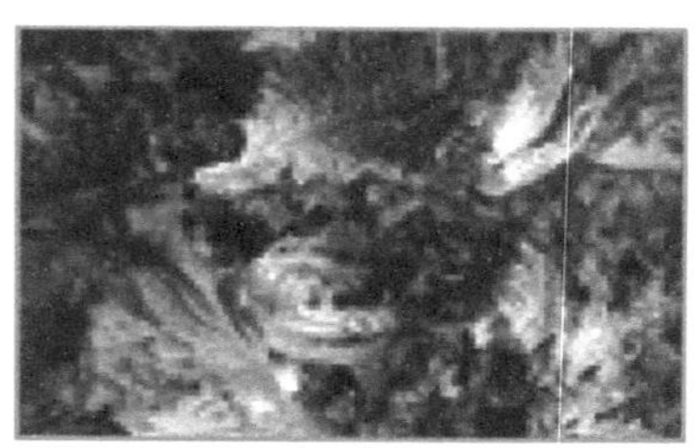

보약 효능

상추는 날것으로 먹어야 좋다. 많이 먹으면 신경과민 증세나 불면증에 효과가 있다. 경혈의 소통을 원활하게 하며, 임신부의 경우 젖을 잘 나오게 한다. 소변을 편하게 하고 살충 · 해독 작용도 한다.

상추녹즙

보약 음식으로 만드는 궁합 재료

① 상추 100g
② 셀러리 30g, 파슬리 20g, 당근 1/2개

만드는 법

1) 상추잎을 흐르는 물에 잘 씻어 갈기 좋게 자른다.
2) 셀러리, 파슬리, 당근도 깨끗이 씻고 갈기 좋게 적당한 크기로 자른다.
3) 모든 재료를 믹서에 넣어 곱게 갈아 즙을 낸다. 녹즙기를 쓰면 더 좋다.
4) 마시기 전에 즙에 물이나 꿀을 약간 타서 마신다. 취침 전에 1컵씩 마시면 효과가 있다.

※ 상추녹즙은 신경이 불안정하거나 불면증이 있을 때 특효가 있다. 대체적으로 야채즙은 혈액 순환과 신진대사를 활발하게 해 준다.

● 한방 요법

◎ 하얀 치아를 원할 때–상추를 통째(뿌리 · 잎 · 줄기)로 말려 가루를 낸다. 그 가루를 치약에 발라 양치질하면 이가 하얗게 된다.
◎ 숙취–상추즙을 마시면 곧 풀린다.
◎ 눈이 빨갛게 된 데〈상추즙〉–상추즙에 꿀을 넣고 하루 3회 정도 마시면 없어진다. 설사 때는 금한다.

중풍, 부스럼 등 성인병 치유에 좋은 새우

갑각류 십각목 긴꼬리과의 총칭이다. 딱지 덮인 몸이 머리가슴부와 배부로 나뉜다. 머리가슴부는 원통형이고, 배부는 7마디이며 끝마디는 부채꼴 꼬리로 되어 있다. 머리가슴부에는 2쌍의 촉각, 1쌍의 자루가 있는 눈과 5쌍의 다리가 있다. 식용한다.

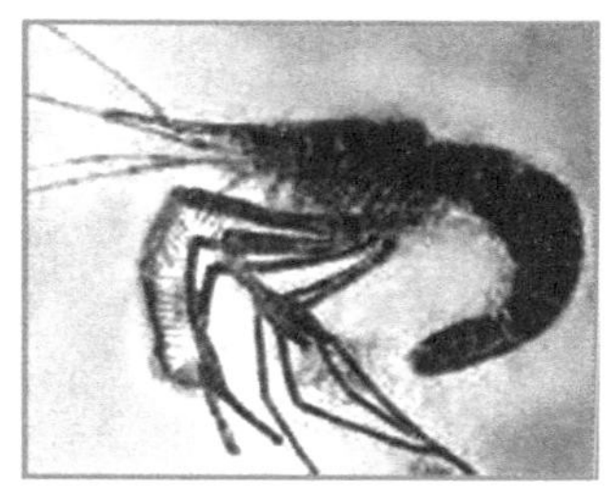

보약 효능

양질의 단백질과 칼슘이 들어 있고 지방이 적게 들어 있기 때문에 성인병 치유에 좋은 고단백 식품이다. 본초강목에, 새우는 신장을 보하고 양기를 복돋우며, 소주에 담궈 먹으면 담과 화火에 의한 반신불수와 근육, 뼈마디 통증을 낫게 한다고 했다.

왕새우소금구이

보약 음식으로 만드는 궁합 재료

① 왕새우(대하, 큰새우) 10마리 정도
② 술
③ 굵은 소금 적당량

만드는 법

1) 왕새우 산 것을 통째로 소주에 푹 담가서 1시간 정도 지나 죽으면, 꺼내서 그늘에 말려 물기를 완전히 뺀다.
2) 프라이팬에 굵은 소금을 0.5cm 정도 두께로 깔고 센불에 소금 밑부분이 타닥타닥 탈 때까지 태운 후 중간불로 한다.
3) 그 위에 새우를 얹어 노릇노릇 구워 익혀서 낸다.
4) 잘 익혀서 머리 부분과 꼬리, 다리 등을 통째로 먹도록 한다.
※ 왕새우소금구이는 입 안이 헐거나 몸이 가려운 데 좋으며, 특히 음위(陰痿 : 발기부전으로 잠자리가 힘든 경우. 임포텐츠)에 효험하다.

● 한방 요법

◎ 허리 · 무릎 통증–보리새우나 중하를 통째로 삶아서 먹거나, 통째로 술에 담갔다가 먹으면 효과가 있다.
◎ 중풍이 있을 때〈새우탕〉–새우 600g에 된장, 생강, 파를 넣고 간을 맞춰 끓여 먹으면 혈액 순환을 도운다.
※새우젓은 해독 작용을 하므로, 돼지고기를 먹을 때 곁들여 먹으면 소화가 잘 된다.

소화를 돕고, 치통 시 악취를 제거해 주는 생강

생강과의 여러해살이풀이다. 덩이줄기의 각 마디에서 줄기가 곧게 자라 높이 30~50cm에 이른다. 잎은 두 줄로 어긋나고 피침형이다. 열대성 작물이며, 채소로 재배된다. 덩이뿌리는 맵고 향기가 좋아서 향신료 · 건위제로 쓰인다.

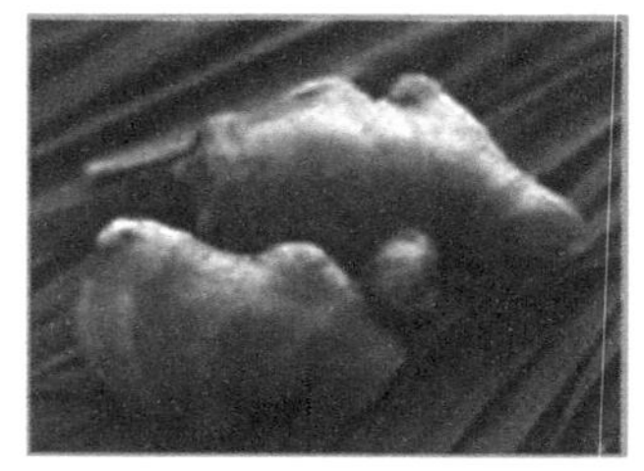

보약 효능

생강은 침 속에 있는 디아스타제의 활성을 높여 소화를 돕고 몸 안의 차가운 기운을 내보낸다. 생강은 '부엌의 감초'로서 모든 식품이나 약재의 감초 역할을 한다. 냉증 · 풍증을 다스리고 치통시 악취를 제거한다. 해열에도 좋다.

생강떡

보약 음식으로 만드는 궁합 재료

① 생강 12~15g(중치 4~5개)
② 검은 엿 10g, 꿀 10g, 잣가루 약간

만드는 법

1) 생강을 하룻밤 정도 물에 담갔다가 껍질을 벗기고 손질한다.
2) 손질한 생강을 강판에 갈아 즙을 낸 후 꿀과 검은 엿을 넣고 혼합하여 약한 불로 잘 저어주며 조린다.
3) 조린 것이 호박빛이 되었을 때, 조그만 타원형으로 편을 내고 그 위에 잣가루를 뿌려 낸다.
※ 생강편(떡)은 추위로 인한 두통 · 복통 · 기침 등에 좋고 신진대사를 촉진한다.

● 한방 요법

- 식체로 위와 가슴이 답답할 때〈생강차〉-생강을 즙을 내어 꿀을 혼합하여 끓는 물에 타 마시면 효과가 있다.
- 감기〈생강탕〉-생강 1톨에 마늘 1쪽을 넣고 진하게 끓여 마시면 빨리 낫는다.
- 식중독-생강즙 1컵에 소금을 약간 타서 마신다.
- 겨드랑이 냄새-생강즙을 겨드랑이에 자주 바르고 문지르면 냄새가 가신다.

이질 · 여성 대하증 · 치통에 효과 석류

석류나무는 석류나뭇과의 갈잎큰잎큰키나무이다. 키는 6~10m이며, 가지에 가시가 난다. 6월경에 짙은 주홍색의 꽃이 가지 끝에 1~5개씩 달린다. 가을에 지름 6~8cm의 열매(석류)가 둥글게 익는다. 씨는 식용하고 열매껍질과 나무껍질, 뿌리는 말려서 약용한다.

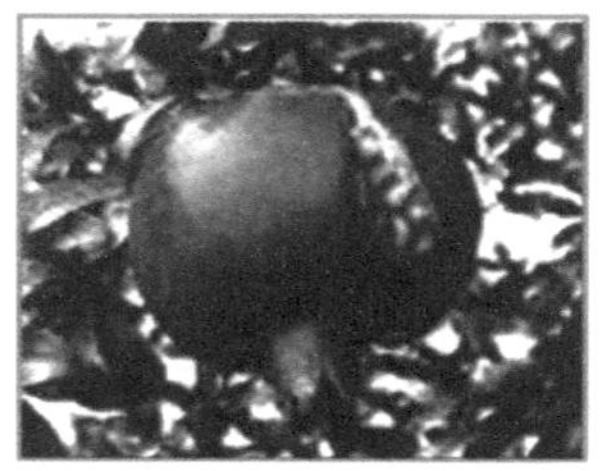

보약 효능

열병으로 답답하고 갈증이 나는 증세에 효과가 있다. 오랜 설사와 이질, 여성의 붕루 하열과 대하증에 쓴다. 코피가 날 때 석류꽃을 삶아 먹으면 좋고, 입 안이 헐거나 치통에는 석류껍질을 처방하면 큰 효과를 본다.

석류술

보약 음식으로 만드는 궁합 재료

① 석류(열매) 적당량(석류 10개 이상)
② 석류 뿌리껍질 10g, 나무껍질 10g 정도
③ 소주, 설탕

만드는 법

1) 석류는 완전히 익은 것을 쓴다. 석류를 반으로 쪼개는데, 석류알(씨), 열매껍질 등 통째로 다 쓴다. 2)뿌리껍질과 나무껍질을 각각 4~5cm로 잘게 썰어 넣는다. 3)재료를 유리병이나 용기에 전부 넣고 재료의 3배 가량의 배갈이나 소주(35° 이상이면 좋다)를 붓는다. 4)설탕(흑설탕이 좋다)을 재료의 1/3 가량 넣고 밀봉하여 서늘한 곳이나 냉장고에 보관하여 3개월 정도 숙성한다.

※ 석류술은 위를 튼튼히 하고 장을 깨끗이 하며, 설사 · 구충 · 치통 · 편도선염 등에 효과가 있다.

● 한방 요법

◎ 신경통 · 사지가 마비되고 뻐근할 때〈석류나무껍질술〉-석류나무의 나무껍질 또는 동쪽으로 향한 뿌리껍질 말린 것 800g 정도를 가늘게 썰어 약간 볶은 다음, 술 1.8ℓ에 담가 3개월 정도 숙성시킨 후 하루 2~3회, 식전에 소주컵으로 한잔씩 마신다.

강장 · 흥분제 역할 및 고혈압을 다스리는 셀러리

미나릿과의 한두해살이풀이다. 잎줄기 60~90cm로서 녹색이다. 겹잎의 밑 부분은 잎집이 되고 윗 부분은 깃 모양으로 갈라진다. 습지에서 저절로 나는데 6~9월에 흰색 꽃이 핀다. 전체에 독특한 향기가 있어 최근에는 식용으로 재배한다.

보약 효능

비타민 B와 C, 철분의 함량이 많아 스태미나 식품으로 많이 응용된다. 강장은 물론 한의에서는 혈압을 내리고 피를 맑게 하며, 경련 억제 · 이뇨 등의 약재로 이용하고 있다. 여성의 생리불순을 다스리고 흥분제 역할도 한다.

셀러리쥬스

보약 음식으로 만드는 궁합 재료

① 셀러리 15g
② 파슬리 10g, 양상치 10g, 귤 1/2개

만드는 법

1) 신선한 재료 모두를 깨끗이 씻어 갈기 좋게 자른다.(귤은 껍질을 제거)
2) 믹서에 모두 넣고 곱게 갈아 즙을 낸다.
3) 그대로 마시거나 물을 타서 하루 2차례, 아침 저녁 공복에 1컵씩 마신다.

※ 셀러리주스는 고혈압일 때 좋은 음식이다. 고혈압에는 염분을 줄이는 게 1차적인 치료 방법이다. 셀러리, 파슬리 같은 신선한 야채즙을 많이 섭취하면 지방분해를 돕는 등 혈액 순환을 원활하게 한다.

● 한방 요법

◎ 본태성 고혈압증〈셀러리야채즙〉-본태성 고혈압증은 고혈압 환자의 70~80%를 차지하며, 유전 경향이 강하다. 식염 섭취량을 줄여야 한다. 신선한 셀러리에 토마토 · 양배추잎 · 파슬리 등을 넣고 즙을 내어 상식하면 좋다. 또 야채를 주 재료로 한 샐러드를 많이 먹도록 한다.

고혈압·신경통 등 모든 성인병에 활용되는 소나무

소나뭇과의 늘푸른큰키나무로 침엽수이다. 높이 약 35m이고 나무껍질은 검붉고 비늘 모양이다. 침 모양의 잎이 2개씩 달리고 2년 만에 떨어진다. 자웅동주로서 수꽃이삭은 새 가지에 달리고 암꽃이삭은 새 가지의 끝에 달린다. 달걀 모양의 구과가 맺는데, 씨에 날개가 있다. 나무는 건축재·침목 등에 쓰이고, 열매(솔방울)·솔잎·송진·송화(꽃가루) 등은 약재로 유용하다.

보약 효능

소나무는 모든 부위가 약재이다. 성인병을 예방하고 오장에 두루 효과가 있다. 약효는 깊은 산속에서 자라는 향토 수종인 적송이 약용으로 으뜸이다.

〈송자〉심폐 기능을 강화해 주고 대장의 기능을 조절해 준다. 송자인죽으로 쑤어 먹으면 훌륭한 강장식이 된다.

〈송화〉떡고물에 흔히 쓰인다. 심폐 기능을 원활히 해 주고 신체의 활력을 돋운다. 지혈제로 사용되기도 한다.

〈소나무껍질〉옛날에는 나무피를 벗겨 쪄서 먹는 구황식물로 이용되었다. 지혈 효과가 있고 월경이상 · 암 · 종기 등에 응용된다.

〈솔잎〉생것 또는 그늘에서 말린 것을 사용하는데, 위장병 · 고혈압 · 신경통 · 중풍 · 암 · 천식 등에 효능이 있다. 특히 고혈압에는 생것을 그대로 씹어먹거나 즙 또는 술로 담가 먹으면 특효가 있다고 한다.

솔잎술

보약 음식으로 만드는 궁합 재료

① 솔잎 300g
② 소주(35° 이상이면 좋다) 1.8ℓ
③ 설탕 200g

만드는 법

1) 솔잎을 깨끗이 씻어 서늘한 그늘에 2~3일 말린다.(늦은 봄에 채취한 것이 좋다)
2) 전부 낱개로 풀어 항아리에 담고 물 1.8ℓ 를 붓는다. 그 위에 설탕(흑설탕이 좋다)을 뿌리고 밀봉하여 서늘한 음지에 보관한다.
3) 1주일에 한 번씩 흔들어 주어 침전을 막는다.
4) 1개월 뒤에 항아리 내용물을 전부 꺼내· 베보자기에 올려 술을 내린 뒤, 다시 항아리에 담는다. 이때 건더기는 모두 버리고 1/10만큼만 다시 술과 함께 넣는다.
5) 밀봉하여 3~4개월 정도 더 숙성시켜서 먹도록 한다.
6) 하루에 2회, 식전에 소주잔으로 1컵씩 마신다. 꿀을 조금 넣어 마시면 더 좋다.
※ 솔잎술(송엽주)은 고혈압 · 뇌출혈 · 심장병 · 신경통 · 류머티즘에 효능이 있다. 솔잎은 종양이 없어지고 모발이 돋아 나며, 오장을 편안하게 한다는 문헌(본초강목)도 있다.

솔잎차

보약 음식으로 만드는 궁합 재료

① 솔잎 200g
② 잣 15g
③ 흑설탕 150g

만드는 법

1) 솔잎을 깨끗이 씻어 2~3일 그늘진 곳에 말렸다가 솥에 넣고 물을 충분히 부어 중간 불로 7~8시간 삶는다.
2) 솔잎물이 우러나면 솔잎을 체로 걸러내고 우린 물만 쓴다.
3) 우린 물이 따뜻할 때 흑설탕을 넣고 잘 젓는다. 마실 때 잣을 몇 개씩 띄어 찻잔으로 1잔씩 자주 마신다.
※ 솔잎차는 동맥경화증 · 고혈압 · 신경통 · 관절염 · 팔다리마비 등에 효험이 있다. 피곤할 때와 기운이 없고, 잇몸이나 피부 등에서 피가 나며 빈혈을 일으킬 때도 마시면 좋다.
〈솔잎 생식〉–등산할 때 솔잎을 따서 씹어 먹으면 피로 회복에 좋고 갈증이 나지 않는다. 신선한 솔잎은 산소와 미네랄이 풍부하기 때문이다.
〈솔잎탕욕〉–봄에 채취한 신선한 솔잎을 베주머니에 넣고 욕조에 넣고 띄우면 솔잎 성분이 우러나며 독특한 향이 난다. 솔잎탕욕은 여성의 미용과 냉 · 대하증에 효능이 있다. 고혈압의 예방도 된다.

항암 작용, 고혈압 · 심장병 · 허약 체질에 좋은 송이버섯

담자균류 송이과의 버섯이다. 이름 그대로 소나무에서 자라난다. 주로 가을에 솔밭의 축축한 땅에 나는데, 향기가 강하고 육질이 두텁다. 삿갓 지름은 8~20cm이며, 겉은 엷은 다갈색이고 안쪽은 희다. 독특한 향기와 맛이 좋은 대표적인 식용 버섯이다.

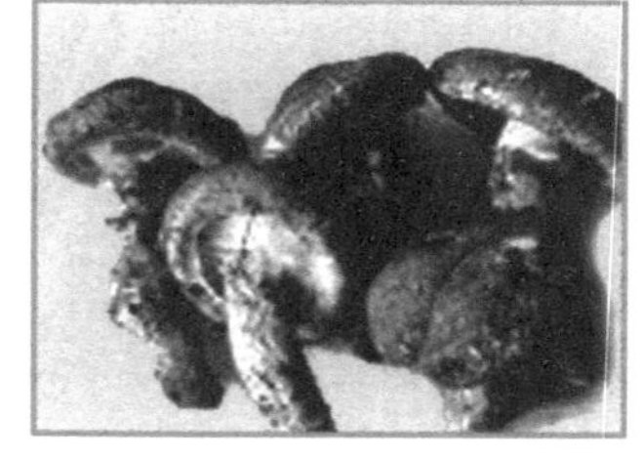

보약 효능

많은 양의 다당류가 있어 항암 작용(특히 식도암)을 촉진시키는 것으로 알려져 있다. 고혈압 · 심장병에 효과가 있고 기력 증진과 정신을 맑게 해 준다. 근육과 뼈를 튼튼히 하는 성분도 있다. 식물섬유가 많아 설사와 변비 치료에도 효능이 있다.

송이산적

보약 음식으로 만드는 궁합 재료

① 송이버섯 200g
② 쇠고기 150g
③ 양념장(간장 · 다진 마늘 · 다진 파 · 깨소금 · 후춧가루 · 참기름 · 설탕 · 소금 등)

만드는 법

1) 송이버섯을 적당한 길이(5~6cm 정도)와 굵기(3~4cm 정도)로 죽죽 찢어 참기름에 발라 놓는다.
2) 쇠고기를 송이버섯과 같은 크기로 잘라 프라이팬에 살짝 볶는다. 이때 소금과 후춧가루, 술 1~2잔 정도를 부어 싱거울 정도로 간을 하고 아주 살짝만 익힌다.
3) 송이버섯과 쇠고기를 꼬챙이에 번갈아 꿰어 양념장을 묻혀 석쇠에 굽는다. 살짝 구어야 향과 맛이 더 난다.
※ 송이산적은 보양 강장에 좋은 요리이다. 기운을 돋우어 주고 성인병을 예방한다.

● 한방 요법

◎ 항암에 좋은 송이버섯–송이버섯을 통째로 뜨거운 물에 넣고 우려낸 물을 먹거나, 말린 송이버섯을 가루를 내어 하루 3~5g씩 공복에 마시면 좋다.
◎ 변비가 심할 때–송이버섯을 통째로 삶은 물을 자주 마신다.

모든 성인병에 좋은 보양 강장식품 쇠고기

쇠고기는 말 그대로 소의 고기이다. 소는 포유류 솟과의 가축으로, 사람에게 매우 유익하고 없어서는 안 될 짐승이다. 암컷은 암소, 수컷은 수소, 어린 것은 송아지라 부른다. 고기와 젖은 식용하며, 가죽과 뿔도 다양하게 이용된다. 또 사람에게 소의 모든 부위는 약이 된다.

보약 효능

소갈증을 다스리고 속 기운을 안정시키며, 비장과 위장을 보한다. 뼈를 튼튼히 하고 부종을 없애며, 설사에도 효능이 있다. 소에서 나오는 우황(소 쓸개 속의 담석)은 해열 · 진정 · 강심제로 쓴다. 소의 간은 피를 생성하고 간을 보하며 눈을 밝게 한다. 소 염통은 혈기를 왕성하게 하고 허약 체질, 즉 노년기의 건강을 위한 영양식으로 좋다. 소 밥통을 자주 먹으면 비위의 기능을 도와 속을 편안하게 해 준다. 몸이 여위는 증상에도 효과가 있다.

쇠고기국

보약 음식으로 만드는 궁합 재료

① 쇠고기 200g
② 무 400g(중간 것 1개)
③ 양념(대파 · 마늘 · 간장 · 생강 · 고춧가루 · 후춧가루 등)

만드는 법

1) 쇠고기를 잘게 썬 다음 다진 마늘과 간장 · 후춧가루로 양념하여 버무려 재운다.
2) 무는 길이 2~3cm, 두께 2~3mm 크기로 쓴다.
3) 끓는 물에(다시마를 넣은 국물이면 더 좋다) 재워둔 쇠고기를 넣고 끓이다가

무를 넣는다.

4) 무가 익을 때 쯤 간장으로 간을 하고, 다진 마늘, 잘게 썬 대파, 다진 생강으로 양념을 하여 조금 더 끓여서 낸다.

※ 쇠고기국은 일반 가정에서 가장 즐겨 만들어 먹는 요리이다. 담백하고 시원한 맛으로 오장을 편안하게 해 주고 정력을 돋우는 건강 식품이다.

우황청심산제

보약 음식으로 만드는 궁합 재료

① 우황 0.2~0.5g

만드는 법

1) 우황(한방약재상에서 구입해서 쓴다)을 산제(가루를 낸 약)로 한다.

2) 하루 2~3차례 식후에 물에 타서 1컵씩 마신다.(어린이의 경우는 1/2컵이나 1/3컵씩) 비위에 거슬리면 꿀을 조금 타서 마셔도 된다.

※ 우왕청심산제는 우황을 가루로 만든 약제이다. 어린이들의 경풍 · 경기 및 중독증을 풀어주고 신경을 안정시켜, 강건하게 성장하는 데 도움이 된다. 우황은 우황청심환의 성분으로 해열 및 구급회생제로 활용된다.

육개장

보약 음식으로 만드는 궁합 재료

① 쇠고기(양지 머리) 400g
② 고사리 100g, 쪽파 40g
③양념(간장 · 달걀 · 참기름 · 고춧가루 · 후춧가루 · 깨소금 · 술 약간)

만드는 법

1) 양지머리의 핏기를 빼고 덩어리째 냄비에 물을 붓고 삶는다. 육수가 우러나면 기름을 걷어낸다.
2) 고사리를 물에 불렸다가 물기를 쪽 빼고 프라이팬에 올려 기름을 두르고 살짝 데치듯 볶는다.
3) 쪽파는 반으로 잘라 끓는 물에 살짝 데치고 찬물에 헹궈 쓴다.
4) 양지머리를 건져내어 결대로 알맞게 찢은 다음 양념을 하여 무친다.
5) 준비한 재료를 모두 양지머리를 삶은 육수에 넣고 끓인다. 알맞게 익으면 간을 맞추고 달걀을 풀어 넣는다.
※ 육개장은 고단백의 담백한 음식이다. 더위를 식히고 비만을 해소하며, 모든 성인병에 좋은 보양 식품이다.

해열제 역할, 무좀 퇴치에 좋은 쇠비름

쇠비름과의 한해살이풀로서, 길가나 밭에 흔히 자란다. 잎은 어긋나거나 마주나며 달걀꼴이다. 육질이고 붉은빛이 돈다. 여름에 노란빛의 꽃이 피는데, 아침에 피었다가 한낮에 오므라진다. 어린잎 · 줄기는 나물로 먹거나 약재 · 사료로 쓰인다.

보약 효능

옛 문헌에 쇠비름은 주로 눈에 하얀 막이 덮이는 것과 찬 기운이나 열을 제거하며, 기생충을 죽이기도 한다고 했다. 이밖에 임질 · 요도염 · 관절염 · 악성종기 등에 효과가 있다. 장명채(長命菜)라고도 하는데, 이는 쇠비름나물을 먹으면 오래 산다고 하여 붙여진 이름이다.

쇠비름나물

보약 음식으로 만드는 궁합 재료

① 쇠비름 200g
② 된장, 고추장, 통깨, 다진 파, 다진 마늘, 고춧가루, 소금 약간, 참기름 등

만드는 법

1) 쇠비름(꽃이 피기 전에 캔 것)의 연한 줄기와 잎(뿌리를 떼 낸다)을 깨끗이 다듬는다.
2) 뜨거운 물에 살짝 데쳐 낸다.
3) 데쳐 낸 씀바귀에 된장과 고추장을 2 : 1 비율로 넣고, 양념(파 흰 부분을 다진 것, 다진 마늘, 통깨, 고춧가루)을 함께 넣어 버무린다.
4) 마지막에 참기름을 넣고 소금을 약간 뿌려 맛을 낸다.
※ 쇠비름나물은 해열제 역할을 하고 각종 신경통을 다스리는 효과가 있다.

● 한방 요법

- 무좀 치료〈쇠비름 즙〉-쇠비름의 어린잎과 줄기를 짓이겨서 즙을 내어 하루에 2~3차례 환부에 바르면 오래 된 무좀을 퇴치할 수 있다.
- 변비 및 기생충 구제〈쇠비름 죽〉-쇠비름의 어린잎과 줄기를 데쳐서 말려 두었다가 물에 불려, 된장 · 고추장을 풀고 양념을 하여 죽으로 써서 먹으면 개선된다.

더위를 식히고 이뇨 및 혈압을 내려 주는 수박

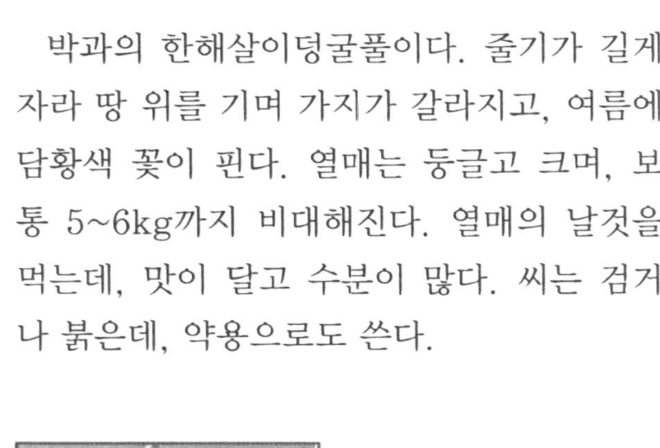

박과의 한해살이덩굴풀이다. 줄기가 길게 자라 땅 위를 기며 가지가 갈라지고, 여름에 담황색 꽃이 핀다. 열매는 둥글고 크며, 보통 5~6kg까지 비대해진다. 열매의 날것을 먹는데, 맛이 달고 수분이 많다. 씨는 검거나 붉은데, 약용으로도 쓴다.

보약 효능

답답함과 갈증을 해소하고 더위를 식힌다. 위장을 활성화시켜 주고 이뇨 작용을 도와 나트륨 성분을 신속히 배출시킨다. 또 고혈압으로 인한 갖가지 부종에도 좋은 효과가 있다. 수박씨는 폐를 맑게 하며, 가래를 삭히고, 혈압을 낮추는 작용을 한다.

수박화채

보약 음식으로 만드는 궁합 재료

① 수박 잘 익은 것 1/2통
② 꿀 200g
③ 실백 약간

만드는 법

1) 수박을 갈라 속을 숟가락으로 송편 크기만큼씩 긁어 낸다.(빨갛게 잘 익은 부분만)
2) 긁어 낸 수박이 으스러지지 않도록 씨를 빼내고, 꿀에 1시간 정도 잰다.
3) 얼음물에 약간만 달게 탄 꿀물을 만들어 물에 잰 수박을 거기에 넣고 실백(껍데기를 벗긴 알맹이잣)을 띄워서 낸다.
※ 수박화채는 열을 내려주고 더위를 해소하는 데 최고 식품이다.

● 한방 요법

- 주독酒毒으로 코가 붉어졌을 때-수박을 많이 먹으면 풀린다. 수박껍질 말린 것을 진하게 달여서 자주 마셔도 좋다.
- 오줌이 잘 안 나올 때-잘 익은 수박을 썰거나 쪼개지 말고 통째로 소금을 조금 섞어 으깨어 찧는다. 그 즙을 짜서 하루 3번, 식사 전후에 찻잔으로 1잔씩 마시면 효력이 있다.
  ※수박은 성질이 한냉하므로, 비위가 약한 사람은 적게 먹는 것이 좋다.

피부 미용에 좋고 피부 노화를 방지해 주는 수세미외

박과의 한해살이덩굴풀로서, 줄기가 덩굴손으로 다른 데를 감고 올라간다. 여름에 노란 꽃이 자웅동주로 핀다. 열매는 길이 50~100cm 정도의 녹색의 원통 모양이다. 열매 속 섬유로 수세미를 만들고 줄기의 액즙으로 화장수를 만든다.

보약 효능

열을 내리고 피를 식혀 준다. 두통 · 갈증 · 기침 가래 · 치루 · 종기 · 화농성부스럼 등에 효능이 있다. 특히 수세미외는 피부 미용에 좋은 식물이다. 수세미외의 즙에는 피부에 영양을 공급하는 특수 물질이 함유되어 있어 피부의 노화를 방지하고 주름살을 없애 준다.

수세미외편두국

보약 음식으로 만드는 궁합 재료

① 수세미외 작은 것 2개
② 편두(까치콩, 작두) 50g(국 그릇 한사발 정도)
③ 생강 30~40g
④ 참기름, 파, 소금 약간

만드는 법

1) 수세미외를 씨까지 잘게 썰어 둔다.
2) 편두를 그대로 프라이팬에 뜨겁게 볶는다.
3) 생강을 잘게 썬다.
4) 수세미외와 생강 썬 것, 편두 볶은 것을 함께 넣고 기름으로 볶는다. 이때 파, 소금 따위로 간을 하며 다 익힌다.
5) 익은 재료에 물 4~5사발을 붓고 국을 끓여 하루에 3회로 나누어 먹는다.
※ 수세미외편두국은 임산부의 모유를 풍부하게 하고 피부를 곱게 해 주는 효과가 있다.

● 한방 요법

피부 미용〈수세미외 생즙〉-맑은 물로 얼굴과 손을 씻고 깨끗이 닦은 다음 날것을 통째로 곱게 간 수세미외의 즙을 바른다. 마르면 다시 바른다. 장기간 사용하면 놀라운 효과가 있다.
※수세미외란 설거지 할 때 사용하는 수세미를 만드는 오이라는 뜻이다.

어린이의 성장 발육에 좋은 보약 음식

벼과의 한해살이 재배식물로서 줄기는 키가 1.5~3m 가량이며 10~13마디로 되어 있다. 잎은 옥수수잎과 비슷하다. 열매는 백색·황갈색·적갈색·흑색 등으로 가을에 익는다. 열매는 밥을 짓거나 엿·떡·과자·술(고량주) 등의 원료로 쓰인다.

보약 효능

식용이나 약재로 쓰는 것은 찰수수이며, 메수수는 주로 가축의 사료로 쓴다. 수수에는 철과 인 등 무기질이 다량 함유되어 있다. 순환기 질환에 효과가 있으며, 식욕을 증진시키고 뼈를 튼튼히 하여 성장 발육을 도모하는 데 좋은 식품이다.

수수응이

보약 음식으로 만드는 궁합 재료

① 수수가루 5컵
② 찹쌀가루 5컵
③ 설탕, 소금 약간

만드는 법

1) 수수를 2~3시간 가량 불려서 건져내어 깨끗이 씻어서 바싹 말린 후 빻아 가루를 낸다.
2) 찹쌀도 수수와 같이 하여 소금으로 간을 맞추면서 가루로 만든다.
3) 수수가루를 끓는 물에 풀어 끓여서 녹녹하게 익었을 때 설탕을 타서 수수설탕즙처럼 먹는 음식이 수수응이이다.
※수수가루와 찹쌀가루를 소금으로 간을 한 더운 물에 반죽을 하여, 양념물에 수제비를 떠서 먹어도 좋다.
※ 수수응이는 허약 체질인 어린이의 성장 발육에 도움이 되는 음식이다.

한방 요법

- 원기가 약한 어린이〈수수로 만든 보중익기죽〉-염소 뒷다리 1개를 빼와 발톱을 제거하고 잘게 썰어서 물에 푹 삶는다. 수수쌀을 넣고 죽을 쑤어 식사 대용으로 먹으면 좋다.
- 위와 장이 불편할 때-수수쌀 뜨물을 따끈하게 데워 1일 여러 차례 1컵씩 수시로 마시면 특효가 있다.

보혈 강장, 피부 미용에 으뜸 시금치

명아줏과의 한두해살이풀로서 높이 30~60cm이다. 뿌리는 육질이며 굵고 붉다. 잎은 어긋나고 달걀 모양이다. 5월경에 녹색의 잔 꽃이 자웅이주로 핀다. 추위를 견디는 힘이 강하여 채소로 많이 재배한다.

보약 효능

시금치에는 철분이 많아 빈혈이 있는 사람에게 보혈 강장제로 좋다. 뿌리의 붉은 부분은 조혈 성분인 코발트가 들어 있어 소화에 좋고 위를 튼튼하게 해주므로 병약자에게 좋은 채소이다. 시금치에 든 비타민 B_2, C는 피부 미용에 좋고 해독 작용도 한다.

시금치죽

보약 음식으로 만드는 궁합 재료

① 시금치 1단
② 멥쌀 3컵
③ 쇠고기, 된장, 당근, 대파, 참기름, 소금 적당량

만드는 법

1) 시금치를 잘 다듬어 반으로 자르고, 끓는 물에 소금을 약간 넣고 살짝 데쳐 내어 찬물에 헹군 다음 물기를 짠다.
2) 국거리 쇠고기를 잘 다져 두고, 멥쌀을 물에 불린 다음 밥을 짓는다.
3) 밥이 다 되면 된장을 풀어 끓인 물에 먼저 밥을 넣고 죽으로 만든다.
4) 죽에 잘게 썬 당근과 쇠고기를 넣고 나무주걱으로 저으면서 익힌다.
5) 마지막에 시금치와 대파(잘게 썬 것)를 넣고 저으면서, 참기름을 두르고 소금으로 간을 하여 죽을 완성한다.(중간에 됨직하면 물을 붓는다)
※ 시금치죽은 오장을 편안하게 하므로 강장 식품으로 으뜸이다.

● 한방 요법

◐ 빈혈 증상〈시금치 뿌리〉-시금치잎과 뿌리(붉은 빛이 나는 것)를 통째로 다듬어 즙을 낸 다음, 약간 끓여서 매일 2~3회 먹으면 효과가 있다.

필수 에너지원, 성인병 예방에 최고 쌀

쌀은 벼의 껍질을 벗긴 알맹이로서 우리의 주식(밥 · 죽)이 되는 곡물이다. 떡 · 과자 · 술 등 다양한 먹거리로 이용된다. 벼에서 나온 차지지 않은 쌀을 멥쌀이라 하고, 찰벼에서 나온 차진 쌀을 찹쌀이라 한다. 또 쓿어서(찧어서 깨끗이 하는 것) 곱게 된 흰쌀(멥쌀)을 백미白米라 하고, 벼의 껍질만 벗기고 쓿지 않은 쌀을 현미玄米라 한다. 보통 우리가 먹는 쌀은 멥쌀, 즉 백미이다.

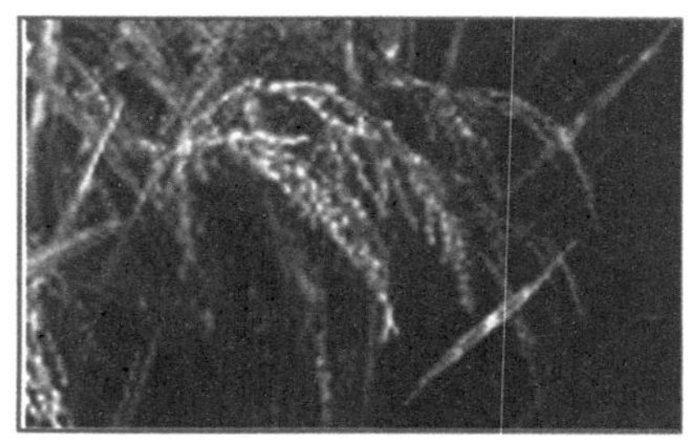

보약 효능

쌀은 고단백 식품이다. 없어서는 안 될 우리의 주식이고, 에너지원이다. 비타민 B군, E, 필수 아미노산 등이 풍부하여 위장의 기운을 돋우어 주고 살을 찌게 한다. 특히 현미는 멥쌀(백미)이 함유한 성분 외에 미네랄과 비타민이 더욱 풍부하여 고혈압·당뇨·동맥경화 등 각종 성인병을 예방하며, 다이어트식으로 좋다. 찹쌀은 멥쌀보다 찰져서 소화가 잘 되고, 성인병 예방과 비만을 막는 데 좋은 약재(음식)가 된다.

찹쌀죽

보약 음식으로 만드는 궁합 재료

① 찹쌀 150g
② 콩(검은콩이면 더 좋다) 20g, 멥쌀 50g
③ 맛소금 약간, 잣 10알 정도

만드는 법

1) 찹쌀에 멥쌀을 약간 섞어서(너무 찰지고 빽빽해지므로) 하루 정도 불린다.
2) 콩을 삶아 푹 익힌다.
3) 불린 쌀에 삶은 콩을 넣고, 물을 충분히 부어 중간 불로 죽을 쑨다. 나무 주걱으로 잘 저어 눋지 않도록 한다.
4) 쌀이 다 익고 죽이 묽게 퍼지면 소금으로 간을 하여 낸다. 먹을 때 잣을 뿌린다.
5) 하루에 1~2회 식사 대용으로 한다.
※ 찹쌀죽은 위장에 좋은 음식이다. 몸의 기운을 돋우고 비장을 튼튼히 한다. 특히 설사를 할 때 먹으면 효험하다. 산모의 젖을 많이 나오게 하는 데도 효과가 있다.

현미차

보약 음식으로 만드는 궁합 재료

① 현미 100g
② 녹차잎 20g

만드는 법

1) 현미를 프라이팬에 볶는다. 중간불로 타지 않을 만큼 적당히 볶는다.
2) 볶은 현미와 녹차잎을 차관이나 주전자에 함께 넣고 끓는 물을 붓는다.
3) 찻물이 우러나면, 우린 물만 따끈하게 하여 하루 1~2회 공복에 마신다.
※ 이 현미차에 엽차(차나무의 어린순을 가루로 만든 차)를 섞으면 더욱 효과가 있다.
※ 현미차는 다이어트식으로 좋고 다량의 비타민 섭취를 할 수 있다. 당뇨 환자의 심한 갈증 해소에도 좋다.

● 한방 요법

- 체기가 있을 때-멥쌀 한줌을 까맣게 태워 가루를 내어 끓는 물에 타서 마시면 체한 기운이 내린다.
- 피를 토하거나 하혈 · 식은 땀이 날 때-찹쌀 한줌을 까맣게 태워 가루를 낸다. 그 가루를 1회에 6~7g씩 뜨거운 물과 함께 먹으면 효과가 있다. 피를 토할 때는 식후에, 하혈 · 식은 땀은 식전에 하루 3차례 먹는다.
- 속이 답답하고 입이 마를 때-쌀을 슬쩍 헹구고, 두 번째 조금 바락바락 씻어서 나온 쌀뜨물을 마시면 금방 효과가 있다. 꿀이나 무즙을 한 숟갈 타서 마셔도 좋다.
- 치아를 하얗게-찹쌀의 겨를 태운 잿가루를 양치질할 때 칫솔에 발라 이를 닦으면 하얀 이로 만들 수 있다.

수족냉증, 부인병을 다스리는 데 특효 쑥

국화과의 여러해살이풀이다. 키 60~80cm 정도이고 잎은 어긋나며, 뒷면에 잿빛 솜털이 있다. 7~8월경 잎 사이에서 꽃대가 나와 분홍빛 두상화가 핀다. 어린잎은 나물로 먹거나 떡 · 부침 등을 하고, 줄기 · 잎자루는 약재로 쓴다. 들에 지천으로 자란다.

보약 효능

달이거나, 가루를 내어 환丸을 짓거나 쑥찜 따위로 온갖 병을 다스리는 데 쓴다. 특히 부인병에 특효가 있다. 월경불순, 손 · 발 · 복부의 냉증, 위장 기능이 약한 경우나 소화불량, 설사증에 효과가 있다.

쑥국

보약 음식으로 만드는 궁합 재료

① 쑥 100g
② 쌀뜨물(1~2회 행구고, 세 번째 바락바락 씻어서 나온 물) 1솥 분량
③ 된장, 고추장, 다진 마늘, 붉은고추 다진 것, 간장 적당량

만드는 법

1) 어린 쑥을 끓는 물에 살짝 데친 뒤 꺼내 물기를 뺀다.(이때 쑥을 곱게 이겨서 쇠고기 이긴 것과 섞어 빚어 달걀물에 씌워도 된다)
2) 쌀뜨물에 된장과 고추장을 3대 1 비율로 넣고 장국을 만든다.(국물을 만들 때 쇠고기를 넣어도 좋다)
3) 장국이 끓으면 쑥을 넣거나, 쑥에 달걀을 씌운 것을 넣고, 다진 마늘과 붉은고추 다진 것을 함께 넣어 끓여 낸다. 쑥은 살짝 익히도록 하고 간장으로 간을 한다.

※ 쑥국은 부인병(특히 냉증)에 효험이 있다.

※ 〈쑥술〉-쑥의 잎과 줄기를 그늘에 말려 잘게 썰어 3배 가량의 배갈이나 소주(35° 이상)에 붓고 설탕을 넣어 2개월 이상 숙성하여 마시면 천식에 좋고 위장을 보한다.

※ 몸에 열이 많거나 혈압이 높은 사람은 많이 먹지 않는 것이 좋다.

혈압을 다스리고 냉증을 예방하는 쑥갓

국화과의 한두해살이풀이다. 키 30~40cm이고 잎은 어긋난다. 여름에 노란색 또는 흰색 꽃이 줄기 끝에 핀다. 식용 재배 식물로서 향긋한 냄새가 난다. 서양에서는 관상용으로 심는다. 잎과 줄기는 미각을 돋우는 독특한 쓴맛이 있어 각종 요리에 많이 쓰인다.

보약 효능

노화된 혈관을 강화시키는 비타민 A와 C의 함량이 풍부하다. 혈압을 내려 주는 칼륨 성분과 모세혈관을 넓혀 고혈압을 예방하는 마그네슘 성분도 다량 함유하고 있다. 따라서 쑥갓은 고혈압과 동맥경화를 다스리는 데 큰 효과가 있다. 냉증에도 좋다.

쑥갓즙

보약 음식으로 만드는 궁합 재료

① 쑥갓 1/2단(15줄기 정도)
② 귤 5개
③ 꿀 3큰술, 물 적당량

만드는 법

1) 쑥갓의 줄기를 빼고 잎과 여린 잎줄기만 따서 잘 씻는다. 채반에 얹어 물기를 뺀다. 너무 마르지 않도록 한다.
2) 귤을 갈기 좋게 알맞게 자른다. 통째 쓰는 것이 좋다.
3) 쑥갓과 귤을 믹서에 넣고 물을 부어 즙을 낸다.
4) 마실 때 꿀을 타서 마시면 좋다. 하루 2~3차례 공복에 마신다.
※ 생즙을 즉시 마시는 것이 약효의 성분을 제대로 섭취할 수 있다.
※ 쑥갓즙은 정상 혈압을 유지하는 데 좋은 음식이다. 비타민 B가 많은 귤과 함께 먹으면 고혈압 증세를 더욱 완화할 수 있다.
※ 냉증 등 부인병〈쑥갓나물〉–쑥갓을 끓는 물에 살짝 데쳐, 양념(기름 · 간장 · 깨소금 · 식초 등)에 버무려 무친 나물을 자주 먹으면 좋다.
※ 쑥갓의 독특한 방향성 정유 성분은 몸을 따뜻하게 해주기 때문에 냉증에 효과가 있다.

몸의 열을 내리고 미각을 돋우는 씀바귀

국화과의 여러해살이풀이다. 키 25~50cm 정도이며, 산과 들에 저절로 자란다. 잎은 잎자루가 없고 주걱 모양이다. 위에서 가지가 갈라진다. 초여름에 노란 꽃이 핀다. 줄기와 잎에 흰즙이 있고 쓴맛이 난다. 뿌리와 어린잎은 봄에 나물로 먹는다.

보약 효능

씀바귀는 쓴 나물이라고 해서 고채苦菜라고도 한다. 몸 안의 화와 열을 내려주고 위의 열을 풀어준다. 머리가 아프거나 눈이 충혈되는 경우에 먹으면 좋고, 특히 뿌리와 잎을 찧어서 바르면 피부염증과 종기를 없애주는 효과도 있다.

씀바귀무침

보약 음식으로 만드는 궁합 재료

① 씀바귀 뿌리(어린잎을 조금 넣어도 좋다) 200~300g
② 된장, 고추장, 깨, 파, 다진 마늘, 고춧가루, 참기름 등

만드는 법

1) 씀바귀(주로 뿌리 부분)를 하룻동안 물에 담가 쓴맛을 우려낸다.
2) 씀바귀를 끓는 물에 살짝 데쳐내어 채반에 놓고 물기를 뺀다.
3) 된장과 고추장을 2 : 1 비율로 넣고, 양념(파 다진 것, 다진 마늘, 고춧가루, 통깨)을 넣어 고루 무치다가 마지막에 참기름으로 맛을 낸다.

※ 씀바귀무침은 봄철 밥맛을 돋우고, 긴장을 완화시켜 주며 몸속 열을 내려 준다. 달래, 냉이와 함께 봄나물로 으뜸이다.

● 한방 요법

- 더위를 먹거나 몸에 열이 날 때〈씀바귀김치〉−씀바귀 뿌리로 버무린 김치나 물김치를 담아 먹으면 여름에 더위를 안 탄다고 한다.(이때 무와 같이 담근다)
- 축농증−뿌리 말린 것 3~4g을 물 300㎖에 넣고 반량이 될 때까지 달여서 그 물을 식전에 마신다.

안색을 좋게 하고 빈혈에 효과 앵두

앵두나무는 장미과의 갈잎큰잎떨기나무이다. 높이 2~3m이며, 잎은 작고 어긋나며 달걀 모양이다. 어린 가지에 털이 밀생한다. 4월경에 흰 꽃 또는 연분홍 꽃이 잎보다 먼저 피고, 6월경에 작고 붉은 빛의 둥근 열매(앵두)가 익는다. 맛이 달고 식용한다.

보약 효능

앵두는 철분 함유량이 과일 중 으뜸이므로 빈혈에 큰 효과가 있다. 오장을 편안하게 하고 비위를 다스린다. 특히 장복하면 안색을 좋게 한다. 피부와 살결을 보하고 윤택하게 한다. 모든 허약 증세와 풍습으로 약해진 허리와 다리의 통증, 사지마비 증세도 완화시켜 준다.

앵두화채

보약 음식으로 만드는 궁합 재료

① 앵두 10g(앵두알 30개 이상)
② 꿀 15~20g
③ 다른 과일(딸기, 사과, 배 등), 잣 등

만드는 법

1) 앵두를 깨끗이 씻어 꼭지를 따고 씨를 뺀다.(둘로 가르거나 온 개로 한다)
2) 꿀에 넣고 2시간 정도 재운다.
3) 앵두를 으스러지지 않도록 잘 끄집어 내고 그 꿀에 물을 타 꿀물을 만든다.
4) 꿀물에 앵두를 넣고, 다른 과일도 잘게 썰어(1~2cm 정도) 넣는다. 잣과 얼음조각을 띄워서 낸다. 우유물에 설탕을 타서 띄워도 좋다.
※ 앵두화채는 미용식으로 훌륭하고, 손님 접대용으로 보기에도 좋다.

● 한방 요법

◐ 소화불량〈앵두술〉-앵두 1kg 정도에 소주(35° 이상이면 좋다) 1.8mℓ를 붓고 흑설탕 200g 정도를 넣어 밀봉하여 냉장고에 보관한다. 3개월 후 식전에 소주컵 1컵씩 마시면 좋다.
※ 앵두술을 장복하면 조루증 · 몽정에도 효과를 볼 수 있다.
※열병이나 풍기가 있는 사람은 피하는 게 좋다.

위장을 다스리고, 미용 생즙으로 좋은 양배추

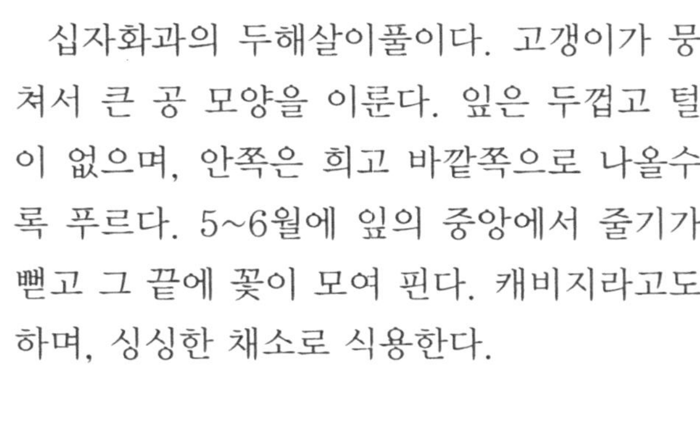

십자화과의 두해살이풀이다. 고갱이가 뭉쳐서 큰 공 모양을 이룬다. 잎은 두껍고 털이 없으며, 안쪽은 희고 바깥쪽으로 나올수록 푸르다. 5~6월에 잎의 중앙에서 줄기가 뻗고 그 끝에 꽃이 모여 핀다. 캐비지라고도 하며, 싱싱한 채소로 식용한다.

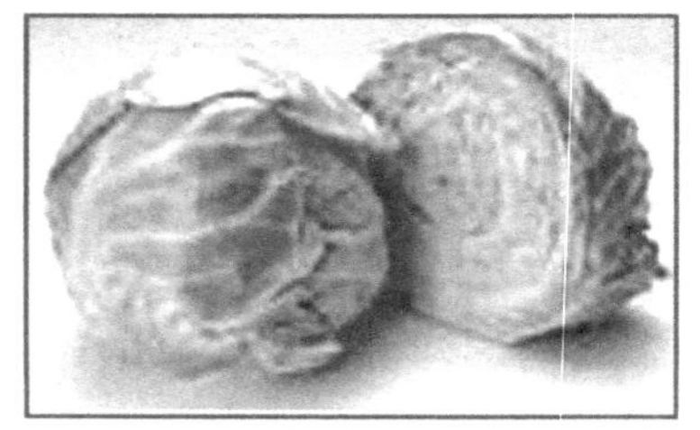

보약 효능

양배추에는 비타민 C가 들어 있는데, 이 성분은 위산 과다로 생기기 쉬운 궤양의 치료와 예방에 효과가 있다. 특히 여드름 · 주근깨에 효과가 있어 여성의 미용 생즙으로 좋다. 이밖에 식물성 섬유와 칼륨을 함유하여 변비를 막고 장의 활동을 돕는다.

양배추당근생즙

보약 음식으로 만드는 궁합 재료

① 양배추 200g
② 당근 1개
③ 꿀 2큰 술

만드는 법

1) 양배추의 중간층을 한 잎씩 떼어 내 생수로 잘 씻어 갈기 좋게 썬다.(속 부분과 겉 부분은 버린다)
2) 당근을 잘 다듬어 껍질째 숭숭 썬다.
3) 양배추와 당근을 녹즙기에 넣고 간다.
4) 생즙에 물을 적당량 혼합하여 1일 3회씩 공복에 마신다.
※ 양배추당근생즙을 상식하면 여성의 여드름 · 기미 · 주근깨에 효과가 있다.

● 한방 요법

◎ 위장이 약할 때〈양배추우유즙〉-양배추잎 3~4장을 녹즙기에 간다. 거기에 우유를 2컵 정도 붓고 꿀을 섞어서 생즙으로 1일 3회씩 공복에 마신다. 우유는 위벽를 보호하고 위산을 중화시키므로 위를 안정시키고, 위궤양을 막아 준다.
※양배추즙을 마실 때는 생강즙을 약간 섞어서 마시면 더욱 효과가 있다. 또 양배추를 푹 삶은 물로 보리차 대신 마시면 위장과 대장을 편안하게 해 준다.

혈압 강하와 강장제로 쓰이는 양파

백합과의 여러해살이풀이다. 잎은 가늘고 길며 속이 빈 원기둥 모양이다. 가을에 잎 사이에서 나온 50~100cm의 꽃줄기 끝에 담자색의 꽃이 퍼져 핀다. 땅 속에 덩이로 된 비늘줄기가 큰 공 모양을 이루는데, 매운 맛과 특이한 향기가 있어 널리 식용한다.

보약 효능

성인병 예방에 좋은 식품이다. 양파의 특이한 성분인 유화알린은 매운 맛을 내며, 살균과 살충 효과를 낸다. 양파에 함유된 B_1은 부교감 신경의 기능을 왕성하게 하므로 정력 강장제로 손색이 없다. 특히 나트륨의 배설을 촉진시켜 혈압을 내리게 한다.

양파저냐

보약 음식으로 만드는 궁합 재료

① 양파 2~3통
② 밀가루 적당량, 달걀 6~7개, 올리브유 또는 콩기름 등 부침개 기름, 소금 약간

만드는 법

1) 양파의 껍질을 벗기고 먹기 좋게 여러 개의 조각으로 얇게 베어 낸다.
2) 달걀을 옹기에 깨어 넣고 소금으로 간을 하여 잘 저어 둔다.
3) 양파 조각에 밀가루를 묻히고 달걀물로 적셔 씌운다.
4) 프라이팬에 기름을 두르고 약한 불에 양파를 지져서 약간만 익혀 낸다.

※ 저냐 : 생선이나 고기를 얇게 저며 동글납작하게 만들고 밀가루와 달걀물을 씌어 기름에 지진 음식

※ 양파저냐는 혈액 순환을 촉진하고, 해독 작용을 한다. 날것이나 익은 것 다 먹어도 좋다.

● 한방 요법

◎ 고혈압일 때〈양파술〉–양파 2통을 윗껍질을 벗기고 6등분하여 적포도주 360㎖를 부은 유리병에 넣고 밀폐한다. 냉암소에 보관했다가 4~5일 지난 후 양파를 건져내고, 15일 정도 지난 후 쓴다. 하루 2~3회 공복에 소주잔으로 1잔씩 마신다.

선식(仙食)으로 불리는 종합 건강식품 연꽃

연꽃은 수련과의 여러해살이 물풀이다. 뿌리줄기(연근)는 굵고 마디가 있으며 가로 뻗는다. 잎은 뿌리줄기에서 나와 물위에 뜨는데, 직경 40cm 안팎의 둥그런 방패 모양이며 물에 젖지 않는다. 잎자루에 짧은 가시가 나 있다. 7~8월에 지름 20cm 가량의 붉은색 또는 흰색 꽃이 줄기 끝에 하나씩 피는데, 한낮에는 오므린다. 열매(연밥)는 길이 2cm 가량의 길둥근 모양이다. 뿌리줄기와 어린잎, 열매를 식용하고, 씨는 약재로 쓴다.

보약 효능

연꽃은 잎, 뿌리줄기, 열매, 씨가 모두 약용이고 선식仙食으로 유명하다. 오장의 기운을 돋우고 기혈을 보하는 대표적 식품이다. 심신이 쉽게 피로하고 쇠약할 때는 연자육(연밥의 살)을 이용하면 좋다. 연자육은 잘 체하거나 자주 설사를 할 때 쓰면 좋다. 또 귀와 눈을 밝게 하고 치매증에도 효험하다. 연근은 열을 내리게 하고 심신을 안정시키는 성분이 있다. 연잎은 산후 조리에 약재로 쓸 수 있다.

연밥죽

보약 음식으로 만드는 궁합 재료

① 연자육(연밥의 살) 30g
② 멥쌀 150g
③ 쌀뜨물, 소금 약간

만드는 법

1) 연밥의 속알맹이 껍질과 속심을 발라 버린 다음, 삶아서 강판에 간다.
2) 멥쌀을 물에 충분히 불렸다가 씻을 때 쌀뜨물을 받아 놓는다.
3) 불린 멥쌀을 먼저 냄비에 넣고 밥을 짓는다.

4) 밥이 되면 쌀뜨물을 붓고 연밥을 넣어 나무 주걱으로 저으며 밥알이 푹 퍼지도록 죽을 쑨다. 이때 소금으로 간을 한다. 당근을 아주 잘게 썰어 넣고 죽을 쑤어도 좋다.

※ 연밥죽은 노인성 질환에 효험이 있다. 눈과 귀를 밝게 하며 기억력을 돕고, 특히 야뇨증에 효과가 있다.

연근조림

보약 음식으로 만드는 궁합 재료

① 연근 200g
② 간장, 물엿, 통깨 약간

만드는 법

1) 연근의 껍질을 벗기고 3~4mm 두께로 썰어 물에 담가 둔다.
2) 끓는 물에 연근을 살짝 데쳐낸 후 찬물에 넣었다 꺼낸다.
3) 냄비에 물을 붓고 간장으로 간을 하면서 약한 불에 조리하다가, 물이 반쯤 졸면 물엿을 넣고 바짝 조린다. 완성되면 그 위에 통깨를 뿌려 낸다.

※ 연근조림은 보약 음식으로 좋을 뿐만 아니라, 신경을 안정시켜 주고 각종 출혈 증세와 설사를 멎게 하는 데 좋은 음식이다.

● 한방 요법

- 코피가 나거나 출혈증이 있을 때〈연근즙〉-생 연근을 갈아서 즙을 내어 대접에 담고, 거기에 꿀 한 숟갈을 섞어 마시면 좋다.
- 가슴이 뛰고 불안할 때-연근에 설탕을 넣고 진하게 달여서 자주 마신다.
- 치질이 심할 때-말린 씨 20알 정도를 프라이팬에 볶아서 3회로 나누어 먹으면 효과를 볼 수 있다.
- 양기부족 · 노화 현상〈연자차〉-연밥의 껍질과 속심을 빼고 말린 다음 노랗게 볶아 가루를 내어 차로 마시면 좋다. 설탕을 넣어도 된다.
- 어혈 · 소화불량〈연근죽〉-얇게 썬 연근을 쌀과 함께 볶은 다음, 쌀뜨물을 붓고 죽을 만들어 먹는다. 참기름으로 볶고 죽을 쑬 때 소금으로 간을 한다.

불로장수의 약재, 특히 혈압 강하제로 좋은 영지

담자균류의 버섯이다. 상수리나무 등 각종 활엽수의 그루터기나 밑동에서 자란다. 삿갓과 줄기 등 전체가 가죽 모양의 코르크질로서 딱딱하다. 높이 약 10cm이다. 전체에 옻칠을 한 것처럼 적갈색 또는 암자색의 윤이 난다. 말려서 약용한다.

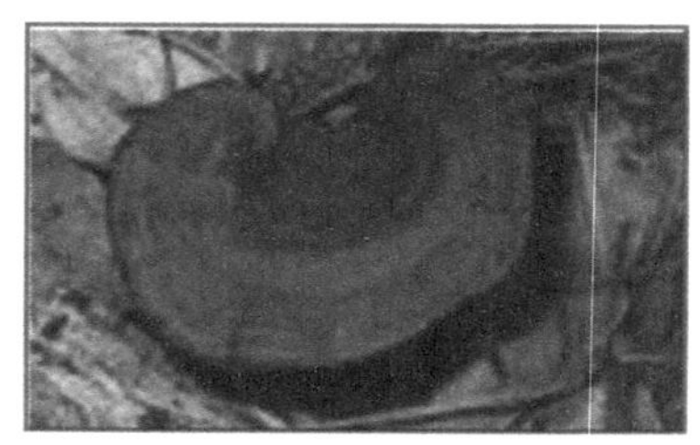

보약 효능

본초강목에 "얼굴색을 좋게 하고 오래 먹으면 몸을 가볍게 하며 불로장수를 누리게 한다"고 했다. 콜린과 각종 아미노산 · 단백질 등이 함유되어 있어 뛰어난 약리 작용을 한다. 정신 안정, 기혈의 순환, 폐 · 간기능 강화, 근골의 활력에 좋고, 고혈압 · 암 · 당뇨 · 위장병 · 비만에도 효험하다.

영지차

보약 음식으로 만드는 궁합 재료

① 영지 10~12g
② 꿀 약간

만드는 법

1) 영지를 적당한 크기로 썰어 차관이나 탕기에 넣고 끓는 물 360㎖를 부어 2분 정도 우려낸다.
2) 우려낸 물을 꿀을 약간 섞어 찻잔 1컵씩 하루 2~3회씩 수시로 마신다.
3) 엑기스가 계속 우러나오기 때문에 여러 차례 재탕해도 된다.
※ 영지차는 인삼차와 더불어 건강 장수를 위한 대표적인 차이다. 상식하면 혈압이 안정되고 동맥경화를 예방함은 물론 신경 안정에 도움이 된다.

● 한방 요법

- 갱년기 장애로 머리가 아프고 피로감이 심할 때－영지 3~4g에 물 500㎖를 붓고 반량으로 달여서 하루 3차례 식전에 나누어 마신다.
- 동맥경화 · 고혈압 · 신경쇠약〈영지약탕〉－영지를 잘게 썰어 잠기도록 물을 붓고 1시간 정도 두었다가 그것을 불에 올려 1시간 정도 달인다. 달인 물을 1일 2회 식전에 찻잔으로 1컵씩 마신다.

요통에는 인삼보다 뛰어난 적응력 오갈피

오갈피나무는 두릅나뭇과의 갈잎떨기나무이다. 오갈피는 오갈피나무의 뿌리나 줄기의 껍질을 말린 것으로 약재로 쓰인다. 나무의 키는 약 3~4m이다. 줄기에 가시가 있다. 가지 하나에 다섯 개의 꽃잎을 가진 꽃이 핀다 하여, 오갈피라고 부른다. 가을에 열매가 까맣게 익는다.

보약 효능

소변이 남는 증상, 낭습 · 음위증 · 요통 등에 효과가 있다. 한방에서 오갈피는 인체의 저항력을 키우며, 병증에 따라서는 인삼보다 뛰어난 적응력이 있다고 한다. 손발 절임증, 근육 경련, 간장과 신장 기능의 부실로 빚어지는 허리 · 무릎의 통증 완화에 효과가 있다.

오갈피술

보약 음식으로 만드는 궁합 재료

① 오갈피 200g(또는 열매 250g)
② 소주(35° 이상이면 좋다) 1.8ℓ, 설탕 200g

만드는 법

1) 이른 봄에 채취한 오갈피의 껍질을 벗기고, 나뭇가지 부분을 버린다. 열매의 경우, 잘 씻어 말려 물기를 뺀다.
2) 오갈피를 1~2cm 또는 더 잘게 썰어서 유리병에 넣는다. 열매의 경우, 통째로 넣는다.
3) 배갈 또는 소주를 붓고 밀봉하여 둔다.
4) 10일 정도 지나 술을 천으로 걸러내고 찌꺼기는 버린다. 열매의 경우는 그대로 둔다.
5) 걸러낸 술을 용기에 다시 담고 설탕(흑설탕이면 좋다)을 가미하고 오갈피 찌꺼기 약간(1/10 정도)을 다시 넣고 밀봉, 시원한 곳에 보관한다.
6) 3개월 정도 뒤 숙성되면, 매일 식전에 소주잔으로 1잔씩 마신다.
※ 오갈피술을 장복하면 요통에 특효가 있다. 강장제로 쓸 때는 오갈피를 잘게 썰어 물에 삶아서 그 물에 누룩 반 개를 넣고 발효시켜서 먹으면 좋다. 설탕을 쳐서 먹어도 된다.

위장을 보하고, 환절기 보양식으로 좋은 오리고기

오리는 흔히 집오리를 말하며, 오릿과에 속하는 소형 물새의 하나이다. 부리가 편평하고 발가락 사이에 물갈퀴가 있어 물에 잘 들어간다. 야생의 청둥오리를 개량한 품종으로, 날개가 약해 높게 날지 못한다. 고기와 알을 식용한다.

보약 효능

본초강목에, 장腸의 기능을 원활하게 하며 소변을 시원하게 하고 과로와 허약에서 오는 열독을 제거한다고 했다. 따라서 오리고기는 신체가 허약하거나 무기력증, 식욕 부진, 설사 기운이 있을 때 먹으면 좋다. 오리알은 달걀과 비슷한 성분의 건강 식품이다.

오리고기약찜

보약 음식으로 만드는 궁합 재료

① 오리 1마리
② 녹말 적당량
③ 대추, 밤, 달걀, 파, 마늘, 생강, 깨소금, 붉은고추, 후춧가루, 술 등

만드는 법

1) 오리의 털과 내장을 제거하고 잘 다듬어 솥에 앉혀 물을 붓고 삶는다. 물이 반량으로 줄고 오리고기가 거의 익었을 때 소주를 2~3잔 붓는다.
2) 익은 고기를 꺼내 뼈를 추려낸다.
3) 삶은 국물의 기름을 제거한 다음 녹말을 풀고 고기를 전부 넣는다. 잘 저어가면서 소금으로 간을 하고 고기를 더욱 익힌다. 이때 대추와 밤, 생강, 마늘알을 같이 넣고 익힌다.
4) 달걀은 지단을 내어 잘게 썰고 붉은고추도 가늘고 잘게 썬다.
5) 고기를 다시 찜통에 넣어 푹 찐다. 국물은 따로 그릇에 담아 먹을 때 곁들인다.
6) 찐 오리고기 위에 고명을 얹고 깨소금, 후춧가루, 잘게 썬 파를 쳐서 완성한다.
※ 오리고기약찜은 위장을 보하는 데 아주 좋은 음식이다. 특히 가족의 환절기 보양식으로 좋고, 최근에는 여성의 피부 미용식으로 애용된다고 한다.

폐 기능·간 기능을 개선시켜 주는 오미자

오미자나무는 목련과의 갈잎덩굴성 식물이다. 잎은 어긋나고 넓거나 긴 타원형 또는 달걀 모양이며, 가장자리에 톱니가 있다. 6~7월에 꽃이 피고 열매(오미자)는 8~9월에 붉게 익는다. 단맛·신맛·짠맛·쓴맛·매운맛의 다섯 가지 맛이 나는 열매라는 뜻에서, 오미자라 한다.

보약 효능

오미자는 기침·갈증에 쓰는 약재이다. 땀과 설사를 멈추는 데도 효력이 있다. 심신을 안정시키고 건망증·불면증 등을 다스린다. 최근에는 오미자가 간 기능 개선에 좋은 성분이 있는 것으로 밝혀졌다. 남성의 유정이나 식은땀 증상에도 효과가 있다.

오미자술

보약 음식으로 만드는 궁합 재료

① 오미자 200g
② 소주(35° 이상이면 좋다) 2ℓ, 설탕 250g

만드는 법

1) 오미자를 깨끗이 씻어 물기를 뺀 다음 유리병에 넣고 배갈이나 소주를 붓는다.
2) 밀봉하여 서늘한 곳이나 냉장고에 넣어 보관한다. 5일 정도마다 유리병을 가볍게 흔들어 주어 침전을 막는다.
3) 보관 후 15일 정도 되면 밀폐한 마개를 열어 술을 천으로 걸러 내린다. 찌꺼기는 1/10일 정도 남기고 버린다.
4) 걸러낸 술을 다시 유리병에 담고, 설탕을 넣는다. 이때 남긴 찌꺼기를 같이 넣는다.
5) 다시 밀봉하여 2개월 정도 지나면 오미자술이 완성된다.
6) 1일 3회, 식전에 소주잔으로 1잔씩 마신다.
※ 오미자술은 자양 강장, 피로 회복에 좋고 특히 시력을 개선하는 데 효험하다.
※ 〈오미자차〉-오미자를 달여서 차로 자주 마시면 폐 기능과 신체 기능을 활성화하는 데 도움이 된다.

피부 미용에 좋고 소화를 돕는 오이

박과의 한해살이덩굴풀이다. 줄기에 굵은 털이 있으며, 덩굴손으로 다른 물체를 감아 오른다. 여름에 잎겨드랑이에 다섯 쪽의 노란 꽃이 핀다. 여름에 길둥근 모양의 열매가 처음에는 녹색으로 익다가 나중에 황갈색으로 된다. 열매는 중요한 찬거리 식품이다.

보약 효능

오이 팩, 오이 마사지 등 피부 미용제로 흔히 쓰인다. 무기염류가 다량 함유되어 있어 입맛을 돋우어 주며, 날것으로 먹으면 소화불량에도 좋다. 오이즙은 화상을 아물게 한다. 최근 오이덩굴, 오이씨에서 혈압을 내리는 효과가 있다고 밝혀졌다.

오이냉국

보약 음식으로 만드는 궁합 재료

① 오이 2~3개
② 간장, 파, 후춧가루, 식초, 통깨, 설탕 약간

만드는 법

1) 깨끗이 다듬은 오이를 껍질째 잘게 썰어 간장에 약간 절인다.
2) 찬 생수에 절인 오이를 넣고 파 · 고춧가루 · 통깨를 친다.
3) 식초를 알맞게 치고 설탕을 약간 넣어도 좋다.

● 한방 요법

- 혈압이 높을 때〈오이씨물〉-늙은 오이에서 채취한 오이씨를 그늘에 말렸다가 부드럽게 가루를 낸다. 가루를 500㎖의 물에 한나절 정도 담가 두었다가 잘 저어 베보자기로 짠다. 그 물을 하루 2차례 식후 30분 경에 큰컵으로 1컵씩 마시면 혈압을 내리는 데 효과를 볼 수 있다.
- 화상을 입었을 때〈오이즙〉-오이를 잘 씻어 통째로 즙을 내어 환부에 바르면 잘 아문다.
  ※ 오이는 성질이 차기 때문에, 열을 내리는 데는 좋으나 너무 많이 먹으면 해롭다.

칼로리가 다량 함유된 고단백 식품 오징어

연체동물 두족류 오징엇과에 속하는 바닷 생물이다. 머리 부분에 5쌍의 다리를 가지고 있고, 그 중 1쌍의 긴 다리에 있는 빨판으로 먹이를 잡는다. 원통형 또는 원뿔꼴 몸통의 끝에 지느러미가 있다. 적을 만나면 먹물을 토하며 달아난다. 전체를 식용한다.

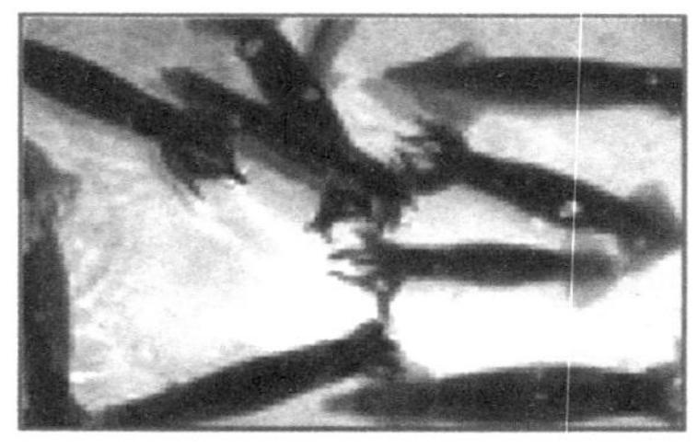

보약 효능

해삼 · 문어와 더불어 강정 작용이 있는 고단백 식품이다. 칼로리가 명태나 대구보다도 높은 편이다. 각종 비타민과 무기질이 많은 영양 식품이다. 오징어뼈는 주로 지혈제로 쓰고, 안약 또는 부인하혈 등 부인병에 효험이 있다. 술독을 풀어 주고 해열 작용도 한다.

오징어해장찌개

보약 음식으로 만드는 궁합 재료

① 생 오징어 2~3마리
② 호박 1개 (보통 찌개거리로 사용되는 녹색의 길둥근 호박)
③ 조개, 파, 마늘, 간장, 소금, 고춧가루 적당량

만드는 법

1) 생 오징어의 내장을 빼고 잘 다듬은 다음 통째로 잘게(7~8cm 정도, 먹기 좋을 만큼) 썬다.
2) 호박을 2~3cm 크기로 둥글거나 각지게 썬다.
3) 조개를 물에 담궈 두었다가 꺼내 소금을 약간 넣고 데쳐서 조개를 건져낸 국물을 만든다.
4) 조개 국물에 파, 마늘을 다져 넣고 간장, 고춧가루, 소금으로 양념을 하여 끓이다가 호박을 넣고 조개 건더기도 함께 넣는다.
5) 마지막에 오징어를 넣고 끓이다가 오징어가 잘 익혀질 무렵 큰 그릇에 담아 낸다.
※ 오징어해장찌개는 말 그대로 술독을 풀어주는 고단백의 해장찌개로 손색이 없다. 혈액 순환도 돕는다. 너무 맵지 않도록 담백하게 요리한다.
※ 위장 기능이 약한 사람은 소화 장애를 일으킬 수 있으므로, 사용에 주의해야 한다.

부기를 빼 주고 당뇨병을 예방하는 

볏과의 한해살이풀로서, 높이 2~3m이다. 줄기는 하나의 대로 자라고 곧으며, 잎은 줄기 마디에 붙어 수숫잎과 같이 크고 길다. 열매는 8~16줄의 알로 박혀 익는다. 옥수수는 녹말이 풍부하여 식용하거나 가축 사료로 쓴다.

보약 효능

주요 성분이 전분이다. 위 · 신장을 보하고 양기를 돋우어 주므로 미곡 중의 보약이라 할 수 있다. 이뇨 작용을 돕기 때문에 과도한 노폐물과 수분을 걸러내어, 신장 기능의 활성화와 더불어 부기를 빼 준다. 부위 중에서 수염이 약용으로 좋다.

옥수수수염차

보약 음식으로 만드는 궁합 재료

① 옥수수 수염 서너 줌(8~10g 정도)
② 양파 1개, 설탕 적당량

만드는 법

1) 물 500㎖에 옥수수 수염과 잘게 썬 양파를 넣고 1시간 정도 끓인다.
2) 충분히 끓여지면 불을 약하게 하여 30분 정도 더 끓인다.
3) 마지막에 건더기를 모두 버리고 우려낸 물만 용기에 담아 냉장고에 보관하면서 마시도록 한다.
4) 한꺼번에 많이 끓여 놓고 상용하면 좋고, 설탕을 조금 넣고 마셔도 된다. 하루 3번, 식전에 찻잔으로 1잔씩 마신다.

※ 옥수수수염차는 몸이 붓는 사람에게 효과가 크다. 다이어트 차 중에서 제일 좋다는 평가도 있다.

한방 요법

- 당뇨병〈옥수수 수염 삶은 물〉-옥수수 수염을 삶아 우려낸 물을 수시로 마시면 큰 효과를 볼 수 있다.
  ※ 옥수수 수염을 달이거나 삶거나 죽으로 만들어 먹으면, 신장을 튼튼하게 하고 임신 중 부기를 빼 준다.

기력 증진, 심신 안정, 두뇌 향상에 좋은 용안육

용안은 무환자과의 늘푸른큰키나무이다. 높이 10~15m이고 봄에 백색의 향기로운 꽃이 핀다. 7~8월에 열매(용안육)가 익는데, 열매 속에는 포도의 과육과 비슷한 육질로 크고 검은 씨 1개를 싸고 있다. 씨에 붙은 용안육은 맛이 달고 식용 · 약용한다.

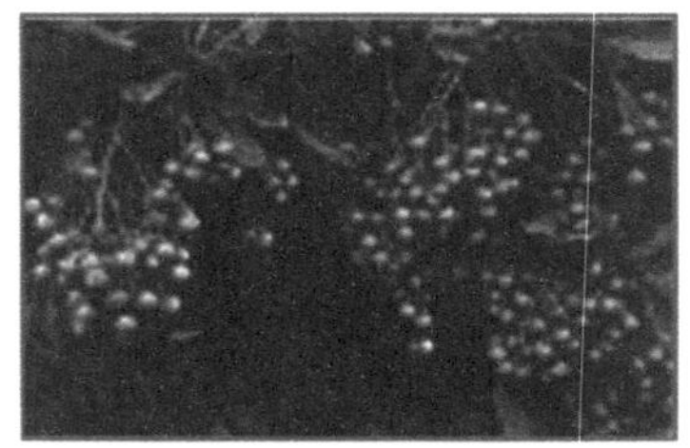

보약 효능

용의 눈과 같다 하여 용안육龍眼肉이라 한다. 포도당 · 단백질이 많아 기력을 솟구치게 하고 심신의 피로를 풀어 준다. 특히 머리를 맑고 좋게 해주는 효능이 있다. 불면증 · 건망증 · 가슴 두근거림 · 만성 출혈증 · 정신 불안 · 산후 조리 등의 처방으로 많이 쓴다.

용안육차

보약 음식으로 만드는 궁합 재료

① 용안육 12~15g
② 생강 2쪽, 대추 3개

만드는 법

1) 용안육(말린 것)과 생강, 대추를 질그릇에 함께 넣고 물솥에 중탕하여 증기로 삶는다.
2) 충분히 삶아지면 모두 꺼내 찻잔에 넣고 끓는 물 600㎖ 정도를 부어 우려낸다.
3) 우려낸 물만을 하루 3회로 나누어 식후에 마신다.
※ 배가 더부룩하거나 소화가 안 될 때는 사용을 삼간다.
※ 용안육차는 인체의 생리 활동을 돕고 자양 강장에 좋은 음식이다. 피로가 쉽게 오고 머리가 맑지 않을 때 마셔도 좋다.

● 한방 요법

◐ 정신 안정 · 혈색 보강〈용안육술〉-용안육 200g, 흑설탕 100g, 벌꿀 100g 정도를 용기에 담고 소주 1.2ℓ를 부어 밀봉하여 서늘한 곳에 보관한다. 1개월 후 술을 걸러 찌꺼기는 버리고(찌꺼기의 1/10은 다시 사용) 다시 밀봉하여 1개월 정도 숙성시킨 후 사용한다. 소주잔으로 1잔씩 식전에 마신다.

허리 · 무릎이 시큰거리는 데 효험이 있는 우슬

'우슬牛膝'은 한문으로 소 우와 무릎 슬로 되어 있다. 줄기의 모양이 마치 소의 무릎처럼 생겼다 하여, '쇠무릎' 또는 '쇠무릎지기'라고 부르는 식물의 한약재 이름이다. 쇠무릎은 비듬과의 여러해살이풀이다. 8~9월에 연한 녹색 꽃이 피며, 열매에는 가시가 있어 옷 같은 데에 달라 붙는다.

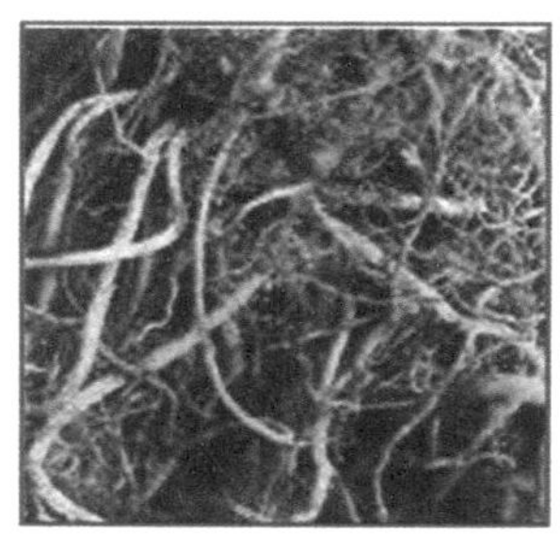

보약 효능

쇠무릎의 어린잎과 줄기는 나물로 먹고 뿌리는 강장제 · 이뇨제 · 임질약 · 해열제 등으로 사용된다. 줄기와 잎은 독사에 물린 데 해독약으로 쓴다. 특히 우슬은 허리나 무릎이 시큰거리는 통증을 다스리고 뼈를 튼튼히 하는 효능이 있다.

우슬쇠무릎탕

보약 음식으로 만드는 궁합 재료

① 우슬 30~40g
② 소의 종지뼈고기(무릎도가니) 500g
③ 파, 마늘, 생강, 고춧가루, 소금, 후추 등

만드는 법

1) 도가니뼈와 무릎살을 적당히 토막낸다.
2) 탕그릇에 도가니뼈, 무릎살, 우슬을 함께 넣고 끓인다.
3) 뽀얀 국물이 나오도록 푹 고아지면 익혀진 고기를 건져 먹도록 따로 담고, 뼈는 다시 국물에 넣고 더 곤다.
4) 고아진 국물은 퍼서 우슬과 기름기를 걸러낸다.
5) 국물에 건져 둔 고기를 넣고 따로 팔팔 끓인 뒤 양념을 하고 마지막에 다진 파를 넣어 먹는다.

※ 우슬쇠무릎탕은 소의 무릎으로 요리하는 도가니탕에 우슬을 넣는 것이므로, 소 연골의 칼슘을 다량 섭취할 수 있다. 어린이, 임산부, 노인에게 좋은 음식이다.

※ 〈우슬차〉-말린 우슬줄기와 잎 20g 정도를 달여서 아침 저녁으로 마시면, 허리나 무릎의 통증을 완화한다.

목의 통증, 종기를 다스리고 해독제로 쓰이는 우엉

국화과의 두해살이풀이다. 뿌리는 땅속으로 30~60cm 가량 곧추 들어가고 살이 많다. 7월경에 줄기 꼭대기에서 갈라진 작은 가지에서 자줏빛 또는 흰빛의 꽃이 핀다. 뿌리와 어린잎은 중요한 소채류로서 식용하고, 씨는 '우방자'라 하여 약재로 쓴다.

보약 효능

강정 식품의 하나이다. 뿌리는 이뇨 및 발한제로 사용하며, 정력제 구실을 한다. 씨(우방자)는 해열과 소염 작용이 있어서 유행성 감기 · 기침 · 두통 · 편도선염 · 목의 통증 · 피부병 · 종기 · 벌레 물린 데에 해독제 등으로 쓴다. 뿌리와 씨를 함께 쓰면 더욱 좋다.

우엉씨탕

보약 음식으로 만드는 궁합 재료

① 우엉씨 10g
② 대구 또는 명태 1마리
③ 미역 약간, 양파 1개, 파 2뿌리, 된장, 멸치다시다, 후추, 고춧가루, 마늘 등

만드는 법

1) 우엉씨를 빻아 가루를 낸다.
2) 대구(또는 생태)를 잘 손질하여 소금끼를 뺀다.
3) 된장에 멸치다시다를 풀어 다소 싱겁게 국물을 낸다.
4) 국물에 대구를 넣고, 미역(1줄기 정도를 알맞게 자른 것)을 함께 넣어 끓인다.
5) 어느 정도 끓으면, 양파를 썰어서 우엉씨 가루와 함께 넣고 더 끓인다.
6) 다 끓으면 다진 마늘, 고춧가루, 후추 등으로 양념을 하고 마지막에 잘게 썬 파를 뿌려 낸다.

※ 우엉씨(우방자)탕은 속을 풀어주고 각종 통증의 해독에 좋다. 특히 강정 요리로 효력을 발휘한다.

● 한방 요법

◐ 종기 · 목의 통증〈우엉씨 달인 물〉-우엉씨를 가루를 내어 1회 2~3g씩 1일 3차례 물에 타서 마신다. 또 우엉씨를 달여서 그 물을 소주잔 1잔씩 하루 3번 마시면, 중풍을 다스리는 묘약이 된다고 한다.

허약 체질, 피로 회복에 좋은 종합 건강식품 우유

소의 젖이다. 백색 액체로서 지방·단백질·칼슘·비타민이 풍부하게 함유되어 있어 영양가가 매우 높은 종합 건강식품이다. 살균하여 음료로 한다. 이 외에 아이스크림·버터·치즈 등의 원료로 쓰고, 건강 보조 식품으로 가미하거나 보강 약재로 효용된다.

보약 효능

허약 체질을 개선하는 데 효과가 있고, 피부를 매끄럽게 하거나 윤기가 나게 한다. 또 심폐 기능도 보해 준다. 특히 칼슘이 풍부하여 피로 회복과 신경 안정에 효험하다. 우유를 마실 때는 천천히 씹듯이 마셔야 좋다고 한다.

우유콩가루즙

보약 음식으로 만드는 궁합 재료

① 우유 2컵
② 콩가루 5~6큰 술
③ 설탕 또는 꿀 3큰 술

만드는 법

1) 우유를 따끈하게 데운다.
2) 데운 우유에 설탕(흑설탕이 좋다) 또는 꿀을 섞고 잘 녹인 다음, 콩가루(검은콩 가루가 더 좋다)를 넣고 잘 저어 혼합한다.
3) 식었으면 약한 불에 살짝 데워서 먹어도 좋다.
※ 우유콩가루즙은 영양 만점의 식품이다. 콩의 비타민 E 성분과 영양소를 고루 갖춘 우유와의 이상적인 만남이기 때문이다. 노화 방지에 효과가 있고, 동맥경화 · 고혈압 등 성인병을 예방한다.

● 한방 요법

◐ 당뇨병 · 허약 체질 · 노인의 보양〈우유쌀죽〉–우유 1.8ℓ에 싸라기(쌀 부스러기) 또는 멥쌀을 조금 넣고 죽을 끓여 상식하면 효과를 볼 수 있다.
※ 우유를 마실 때 부추즙이나 생강즙을 2 : 1 비율로 같이 마시면 영양이 배가된다고 한다.

항암 작용을 하고 만성위장병에 좋은 율무

벗과의 한해살이풀이다. 높이 1~1.5m로 잎은 가늘고 길며 어긋나는데, 끝이 조금 뾰족하다. 곧추 자라며 여러대로 갈라진다. 7~8월에 꽃이 피어 타원형의 열매를 맺는다. 열매는 보리보다 굵고 윤이 난다. 열매로 밥 · 죽 · 차를 만들고 약재로도 쓴다.

보약 효능

율무쌀(율무의 껍질을 벗긴 알맹이)은 쌀보다 칼로리가 높고, 단백질 · 지방 · 섬유 등이 더 많이 들어 있다. 소화를 돕고 피로를 풀어 주며, 관절이 쑤시는 것을 완화시킨다. 항암은 물론 만성위장병 · 폐결핵에 효과가 있고 스태미나, 미용식으로도 이용된다.

율무쌀죽

보약 음식으로 만드는 궁합 재료

① 율무쌀 1컵
② 멥쌀 3컵
③ 소금 약간

만드는 법

1) 율무쌀을 깨끗이 씻어서 하루 정도 물에 불려 둔다.
2) 쌀을 깨끗이 씻어서 1시간 정도 불린다.
3) 율무쌀과 쌀을 함께 넣고 물을 부어 센불로 끓여 밥을 짓는다.
4) 물이 반쯤으로 잦아들고 밥이 어느 정도 익었을 때 나무주걱으로 자주 저으며 죽을 쑨다. 이때 소금으로 간을 한다. 당근을 아주 잘게 썰어 넣어도 좋다.

※ 율무쌀죽은 특히 비만증에 특효가 있어 다이어트식으로 좋다.
※ 두통 · 불면증이 있거나 임산부는 삼가는 것이 좋다.

● 한방 요법

각종 암을 억제하는 데〈율무차〉-율무를 껍질째로 볶은 것 20g 정도에 물 3컵을 붓고 물이 반량이 될 때까지 달인다. 달여지면 또다시 물을 붓고 그 물이 반량이 되도록 다려서 마신다. 1일 3회, 식전에 유리컵으로 1컵씩 마시면 약효를 볼 수 있다.

노인성 허약 체질, 천식에 효험이 있는 은행

은행나무는 은행나뭇과의 갈잎큰키나무이다. 높이 50~60m에 달하고 잎은 부채꼴로 한군데서 여러 개가 난다. 5월에 꽃이 피는데, 자웅이주이고 암꽃은 녹색, 수꽃은 연한 황색이다. 10월에 열매(은행)가 노랗게 익는다. 가로수로 많이 심고 열매는 식용 · 약용한다.

보약 효능

은행잎에 징코라이드 성분이 들어 있어 여러 가지 난치병(암, 고혈압, 중풍, 류머티즘 등)을 예방할 수 있는 중요한 약재로 평가받고 있다. 특히 은행은 폐질환에 의한 기침, 노년기 허약 체질, 천식에 탁월한 효과가 있다. 가래를 삭히고 소독 · 살충 작용도 한다.

은행오과차

보약 음식으로 만드는 궁합 재료

① 은행(알) 15개
② 호두 10개, 대추 7개, 생밤(외피와 함께) 7개, 생강 1개
③ 설탕 또는 꿀 약간

만드는 법

1) 오과(은행, 호도, 대추, 밤, 생강을 지칭)를 함께 넣고 끓여서 달인다.(2시간 정도)
2) 팔팔 끓으면 약한 불로 1시간 정도 더 달여서 마실 때 꿀이나 설탕을 적당량 가미한다.
※ 은행오과차는 원기가 약한 노인의 정기 보정에 효과가 뛰어나고, 감기 · 기침에도 좋다.

● 한방 요법

- 기침을 멎게 하는 처방–은행의 껍질을 벗긴 속살만 8~10g을 달여서 1일 3회 식전에 1컵씩 마시면 효과가 있다.
- 피부가 튼 데–껍질을 벗긴 은행알을 찧어서 그 즙을 참기름에 개어 바른다.
- 조루증 · 유정–껍질을 벗긴 은행알 20개 정도를 소주 2컵을 넣고 달여서 장복하면 큰 효과가 있다.

정력 강화, 혈압 강하, 건망증 예방에 좋은 음양곽

삼지구엽초의 말린 잎을 '음양곽'이라 한다. 삼지구엽초는 매자나뭇과의 여러해살이풀로서 높이 30cm 정도이다. 잎은 마주나고 3개씩 두 차례 갈라지므로 이런 이름이 붙었다. 5월경에 줄기 끝에 홍자색 또는 흰색의 꽃이 모여 난다. 잎과 줄기를 약재로 쓴다.

보약 효능

양(羊)이 삼지구엽초를 즐겨 먹으면 음탕한 성질을 돋우게 되어 하루에 백 회나 교합할 수 있다는 의미에서 '음양곽淫羊藿'이라고 한다. 이 한약재는 남성의 발기부전, 성기능 저하, 유정, 조루증에 탁월한 효과가 있다. 노인성 치매 · 권태증에도 좋다.

음양곽술

보약 음식으로 만드는 궁합 재료

① 음양곽(잎 · 줄기) 100g
② 소주(35° 이상이면 좋다) 1.8ℓ, 설탕 200g

만드는 법

1) 음양곽(잎줄기가 붙어 있는 것)을 잘 씻어서 1주일 정도 그늘에 말려 둔다.
2) 말린 음양곽을 잘게 썰어 용기에 넣고 배갈이나 소주를 붓고 밀봉하여 서늘한 곳이나 냉장고에 보관한다.
3) 5일 정도마다 용기를 흔들어 침전을 막는다.
4) 15일 정도 지나 음양곽 건더기를 건져내고 술에 설탕(흑설탕이 좋다)을 넣는다. 이때 건져낸 음양곽 건더기를 다시 조금 넣어 준다.
5) 밀봉한 술이 2개월 정도 지나면 완전 숙성되는데, 마실 때는 베보자기로 건더기를 걸러내고 든다.

※ 음양곽술(삼지구엽초술)은 최음제 · 미약으로 쓰여 왔고, 특히 남성의 양기를 돋우는 강정제로 이용되어 왔다.

● 한방 요법

◐ 건망증 예방〈음양곽차〉-음양곽 10g 정도를 중간 불로 2시간 정도 달여서 매일 2~3잔을 마시면 효과가 있다. 계피 2~3g을 섞어서 달여도 좋다.

여성을 위한 보약, 임신 · 산후 조리에 최고 익모초

꿀풀과의 두해살이풀이다. 높이는 약 1m로 줄기에 흰 털이 있다. 입은 좁고 길며 계란 모양이다. 잎 끝이 3개로 갈라진다. 8월경에 엷은 홍자색 꽃이 피며, 열매는 넷으로 갈라지는 분과로 익는다. 한약재인 익모초는 꽃필 때의 전초를 말린 것이다.

보약 효능

익모초의 효과가 여자에게 좋고, 부인의 정수精水를 넘치게 하므로 '익모益母'라는 이름이 붙었다. 이름 그대로 여성들을 위한 약초이다. 산모의 지혈 · 강장제 · 이뇨제 및 진통제로 쓰인다. 맛이 매우 쓰지만, 차나 술로 하여 먹으면 입맛을 돋우고 혈압을 내리는 작용을 한다.

익모초차

보약 음식으로 만드는 궁합 재료

① 익모초 100g
② 설탕 80g 또는 꿀 50g

만드는 법

1) 말린 익모초를 잘게 썰어 차관에 넣고 약한 불로 은근히 끓인다.
2) 다 끓여지면 건더기를 버리고 달인 물만을 쓴다. 설탕(흑설탕이 좋다)을 타서 마시면 된다. 하루 3번 정도 찻잔으로 1컵씩 마신다.
※ 익모초차는 월경불순 · 산후하혈 · 현기증 · 복통에 두루 효과가 있다.

● 한방 요법

임신 및 산후 조리〈익모사물술〉-임신하면 곧 익모초를 이용한 술을 담근다. 익모초, 당귀, 천궁, 작약을 각각 20g씩을 잘게 썰어 소주 1.2ℓ에 넣고 밀봉했다가 15일 정도 지나 모두 꺼내 베보자기로 짜서 건더기는 버리고 국물술에 설탕과 꿀을 각각 100g씩 넣고(이때 걸러 낸 건더기 중 1/3 정도를 도로 넣는다) 다시 밀봉하여 2개월 정도 지난 후 숙성된 술을 소주잔으로 1잔씩 식사 사이에 하루 2회 정도 마시면 효과가 있다.

피부 노화 방지, 고혈압·당뇨병 등 만병에 두루 효과 인삼

두릅나뭇과의 여러해살이풀이다. 높이가 약 60cm이고, 잎은 줄기 끝에 서너 개씩 돌려나고 손 모양 겹잎이다. 깊은 산에 야생하는데, 밭에서 많이 재배한다. 뿌리는 희고 비대한 다육질의 방추근이다. 봄에 녹황색의 꽃이 핀다. 뿌리는 귀중한 약재이다.

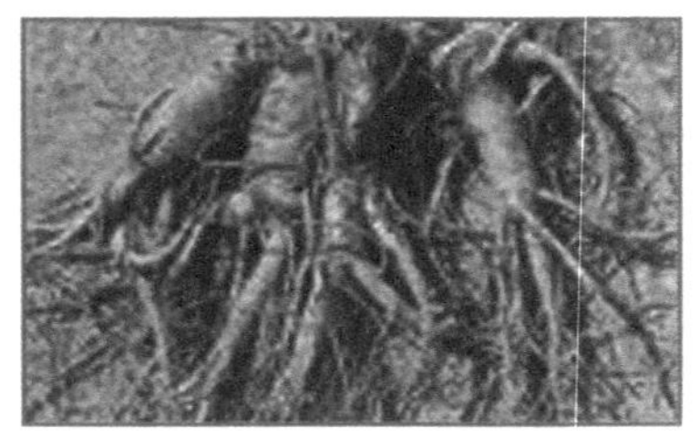

보약 효능

인삼은 예부터 불로장생의 비약으로 불려지며, 우리나라의 고려인삼은 세계의 영약으로 평판이 나 있다. 특히 인삼의 사포닌은 탄력있는 피부를 가꾸는 데 특효가 있다. 고혈압·동맥경화·당뇨병·갱년기 장애·냉병·알코올 중독·류머티즘 등 만병을 다스린다.

인삼대추차

보약 음식으로 만드는 궁합 재료

① 말린 인삼(건삼) 2~3뿌리
② 대추 15~20알, 꿀 50g 정도

만드는 법

1) 찻그릇에 인삼과 대추를 같이 넣고 물 1.2ℓ 를 부어 팔팔 끓인다.
2) 물이 끓으면 다시 약한 불로 1시간 정도 더 은근히 달인다.
3) 달여지면 건더기를 체로 걸러내고 달인 물만 찻잔에 따라서 마시는데, 이때 꿀을 넣어 음용한다. 하루에 3번 정도 수시로 마신다.
※ 인삼대추차는 피로 회복과 노화 방지, 정력 증진에 효과가 있다.
※ 끓일 때 금속 용기는 약효를 떨어뜨리므로 약탕기나 질그릇을 사용하도록 한다.

● 한방 요법

◐ 어린이 허약 체질〈백삼탕〉-인삼(수삼일 경우 껍질을 벗긴다) 2뿌리를 밥짓고 뜸들일 때 넣어 두면 밥물이 넘어와 자연적으로 백삼탕白蔘湯이 된다. 이것을 1주일 정도 먹으면 식욕이 왕성해지고 어른은 원기가 왕성해진다.

순산을 돕고 산후 조리에 좋은 산모의 영양식 잉어

잉엇과의 민물고기이다. 몸길이는 1m 내외이며, 약간 납작한 방추형이다. 관상용으로 기르는 울긋불긋한 잉어는 외래종이다. 한국 토종은 등이 검푸르고 배가 담황색이며, 둔한 주둥이로 입가에 2쌍의 수염이 있다.

보약 효능

잉어의 모든 부위에 약효가 있다. 잉어의 쓸개는 눈을 밝게 하고, 눈알은 부스럼에 태운 재를 붙여 쓴다. 껍질과 비늘은 산후어혈에 좋다. 또 잉어 피는 어린이의 종기에 바르면 효과가 있다. 황달을 다스리며, 임산부의 젖을 잘 나오게 하는 효능도 있다.

잉어약탕

보약 음식으로 만드는 궁합 재료

① 잉어 1마리
② 구기자 30g
③ 밤 5개, 대추 5개, 다진 마늘, 잘게 썬 파, 통깨, 소금 약간

만드는 법

1) 싱싱한 잉어의 내장을 제거하고 말끔히 씻어 반나절 정도 채반에 받쳐 물기를 뺀다.
2) 조리한 잉어와 구기자를 넣고 1시간 정도 고은 다음 잉어가 완숙되면 밤, 대추, 다진 마늘을 넣고 1시간 정도 더 푹 곤다.
3) 진하게 고아지면 파와 통깨, 소금으로 간을 하여 고기와 국물을 함께 먹는다. 밤을 곁들여 식사 대용으로 해도 좋다.
※ 잉어약탕은 자양 강정 음식으로 여성의 냉증에 좋고, 특히 산모에게 훌륭한 영양식이다.

● 한방 요법

- 순산을 도우는 음식〈잉어죽〉–잉어 1마리를 위와 같은 방법으로 다듬어 멥쌀 1되를 넣고 된장물에 죽을 쑤어 적당히 간을 한다. 1주일에 1회 정도 식사 대용으로 먹으면 효과가 있다.

간장을 보하고 신진대사를 원활하게 해 주는 자두

자두나무는 장미과의 갈잎큰잎큰키나무이다. 높이는 약 5~10m이며, 잎은 어긋나고 긴 타원형의 달걀 모양이다. 4월경 잎이 나기 전에 흰 꽃이 보통 3개씩 달리고, 7월경에 황색 또는 적자색으로 열매(자두)가 익는다.

보약 효능

간장에 효과가 크다. 간이 나쁜 사람이 자주 먹으면 좋다. 사과산을 비롯하여 각종 비타민과 무기질이 풍부해 신진대사를 원활하게 한다. 칼슘·칼륨 등도 많아 빈혈을 예방하고 소변이 시원하지 못한 증상을 개선시킨다. 자두잎은 땀띠에 효과가 있다.

자두사과즙

보약 음식으로 만드는 궁합 재료

① 자두 1개
② 사과 1/2개
③ 우유 1컵

만드는 법

1) 자두를 깨끗이 씻어 씨를 제거한다. 껍질째 쓴다.
2) 사과도 깨끗이 씻어 씨를 제거한다. 껍질은 제거한다.
3) 다음은 자두와 사과에 우유를 함께 믹서에 넣고 간다.
4) 아침 저녁 공복에 1컵씩 마신다.
※ 자두사과즙은 신진대사를 원활하게 하고 배변을 시원하게 한다.

● 한방 요법

- 술에 잘 취하는 체질–자두(큰 것) 여러 개를 소금에 1주일 정도 절였다가 햇볕에 말린 다음, 매일 식사 때 1개씩 먹으면 숙취를 풀고 위장을 보호할 수 있다.
- 땀띠가 났을 때〈자두잎 목욕〉–신선한 자두잎을 따서 깨끗이 씻은 다음 약 500g을 베보자기에 넣어 욕조에 담군다. 자두잎 성분이 더운 물에 우러날 때 전신욕을 한다.
  ※ 물에 뜨는 자두는 효과가 없다. 날것을 먹으면 위에 해롭다.

중풍 예방, 혈압 강하, 자양 강장에 좋은 잣

잣나무는 소나뭇과의 늘푸른큰키나무이다. 높이 10~30m 정도이며, 지름이 1m에 이른다. 나무껍질은 회갈색이고 묵으면 얇은 조각이 떨어진다. 자웅동주로 꽃은 5월경에 피고 솔방울보다 큰 열매(잣송이)가 10월경에 익는다. 잣송이 속의 씨를 '잣'이라 하며, 식용한다.

보약 효능

불포화 지방산이 다량 함유되어 있어 심장과 뇌혈관 질환자에게 유익한 식품이다. 기름기가 많아 맛도 고소하다. 속을 덥게 하여 내장을 편안하게 해주고 여윈 사람을 살찌게 한다. 또한 피부를 윤택하게 하며, 현기증과 변비 치료에도 효과가 있다.

잣죽

보약 음식으로 만드는 궁합 재료

① 잣 15~20g
② 멥쌀 50g
③ 대추 3~4개, 소금 약간

만드는 법

1) 잣은 껍질을 깐 속알맹이를 쓴다.
2) 쌀을 씻어 물에 2시간 정도 불린다.
3) 잣과 불린 쌀에 물을 적당히 붓고 믹서에 간다. 간 것을 믹서에 다시 넣고 한번 더 곱게 갈아 즙을 내린다. 찌꺼기는 버린다.
4) 대추는 씨를 제거하고 잘게 썰어 넣는다.
5) 내린 즙과 대추를 냄비에 함께 넣고 물을 부은 뒤 중간 불로 끓인다. 나무주걱으로 계속 저으며 죽을 쑨다.
6) 죽이 다 되면 소금으로 간을 하고 죽 위에 잣알맹이를 몇 개 뿌려서 낸다.

※ 잣죽은 자양 강장 식품으로 최고의 음식이다. 혈압을 내려주고 피부 미용식으로 좋다. 중풍도 예방한다.

※ 가슴이 두근거리거나 식은땀이 나고 불면증이 있을 때〈잣(해송자)차〉-잣 20g 정도를 살짝 볶아 절구에 찧는다.(너무 잘지 않게) 찧은 잣을 찻잔에 1숟갈을 넣고 끓는 물을 부어 5분 정도 우려낸 후 꿀이나 설탕을 넣어 마시면 좋다.

원기와 양기를 돋우는 데 효력 전복

연체동물 전복과의 고둥을 말한다. 껍데기 길이가 10~20cm이고 겉면은 갈색이며 구멍이 한 줄로 늘어 서 있다. 자웅이체이다. 속살은 식용하며 껍데기는 세공 재료로 쓰거나 약재(석결명)로 쓴다. 양식 진주의 모패로 쓰이기도 한다. 많이 양식한다.

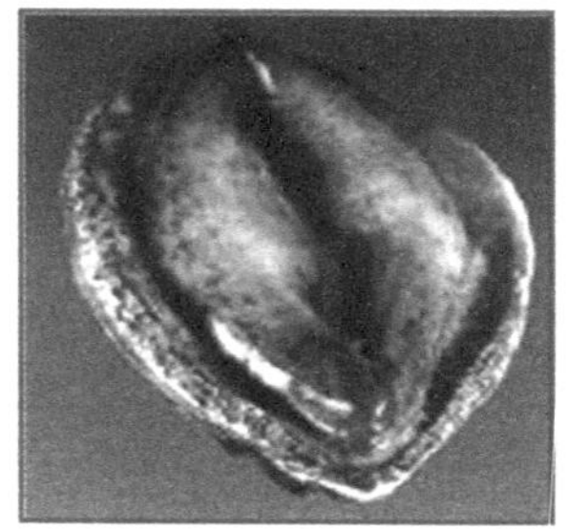

보약 효능

몸의 열을 내리고 눈을 밝게 한다. 단백질이 풍부하며, 남자의 정자를 생산하는 데 필요한 아미노산을 많이 포함하고 있다. 특히 창자에는 요오드 및 갖가지 영양소가 들어 있어 소화 흡수율을 높이고 체질을 강화시켜 준다. 환자의 보양식으로 좋다.

전복죽

보약 음식으로 만드는 궁합 재료

① 전복 1개(중간 크기)
② 쌀 200g
③ 당근 1/5개, 참기름, 소금 약간

만드는 법

1) 전복의 속살 전체를 쓴다.(내장과 함께)
2) 속살을 잘게 썰어 곱게 다져서 푸라이팬에 참기름을 두르고 약한 불에 약간 익힐만큼 볶는다. 이때 내장은 똥을 빼고 깨끗이 씻어 따로 두었다가 죽을 쑬 때 마지막에 넣는다.
3) 쌀은 충분히 불려 밥을 짓는다. 당근은 곱게 다진다.
4) 볶은 전복과 밥, 당근을 함께 냄비에 넣고 약한 불로 죽을 쑨다. 나무주걱으로 저으면서 죽이 다 되면 내장을 넣고 죽이 푹 퍼지도록 한다.
5) 소금으로 간을 하여 먹는다.

※ 전복죽은 원기와 양기를 돋우어 주는 영양 만점 요리이다. 허약해진 몸을 회복하는 데 효과가 크기 때문에 병원의 환자식으로 이용된다.

※ 전복의 껍데기는 석결명(石決明)이라 하여, 약재로 쓴다. 칼슘 성분이 많아 가루를 내어 달여 먹으면 눈이 밝아지고 뼈마디가 쑤시는 데 효험이 있다.

열을 내리고 정신 안정에 좋은 식품 조개

조개는 민물과 바닷물에 살며, 모시조개, 대합, 바지락, 피조개, 꼬막, 재첩, 홍합 등 종류가 많다. 몸은 두 쪽의 단단한 조가비에 싸여 있다. 속살은 식용하고 껍질(조가비)은 약재로 쓰인다.

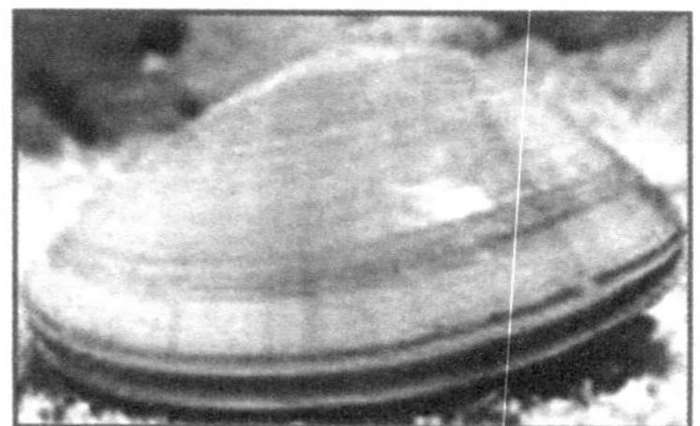

보약 효능

조갯살은 열을 내리고 풍을 다스린다. 여성의 붕루하열 · 대하증, 소갈병에 효과가 있다. 특히 음기를 보충하는 식품으로 알려져 있다. 혈액을 보충하고 당뇨병 · 주독 · 황달도 다스린다. 조개 껍데기에는 위산을 증진시키고 소변을 고르게 하는 약효가 있다. 마음을 안정시키는 작용을 하고 현기증에도 효과가 있다.

조개굴탕

보약 음식으로 만드는 궁합 재료

① 조개(모시조개 또는 바지락) 300g
② 굴 50g
③ 마늘, 대파, 생강, 고춧가루, 소금 약간

만드는 법

1) 조개를 맑은 물에 반나절 정도 담구어 노폐물을 뺀 뒤 손질한다. (통째로 쓴다) 굴은 깨끗이 씻어 채에 받쳐 물기를 뺀다.
2) 조개를 먼저 냄비에 넣고 물을 넉넉히 부은 다음 팔팔 끓인다.
3) 거품이 많이 생기면 걷어낸다.
4) 조개가 어느 정도 익어 입을 벌리기 시작하면 물을 더 붓고 굴을 넣어 10분 정도 끓인다. 너무 끓이면 조개 속살이 질기게 되므로 적당히 끓인다.
5) 끓이면서 다진 마늘과 대파(흰 대궁 부분)를 잘게 썰어 넣고, 생강, 소금으로 간을 한다. 기호에 따라 고춧가루, 후춧가루를 뿌려 먹는다.
※ 조개굴탕은 사지가 나른하고 열이 날 때 머리를 맑게 해주고 열을 내리며, 속을 시원하게 해 준다. 당뇨병 등 환자의 원기 회복에도 좋고 술국으로도 좋다.
※ 굴은 5~6월에는 독성이 있으므로 먹지 않는 게 좋다.

원기 회복과 정신 안정, 속풀이에 좋은 조기

조기는 참조기 · 수조기(부세기) · 백조기(보구치) 따위의 총칭이다. 보통 참조기를 말한다. 참조기는 민어과의 바닷물고기로 몸길이 30~40cm이다. 몸이 통통하며 둥글고 배에 노르스름한 빛을 띠고 있다. 입술은 불그스름하다. 말린 것을 '굴비' 라 한다.

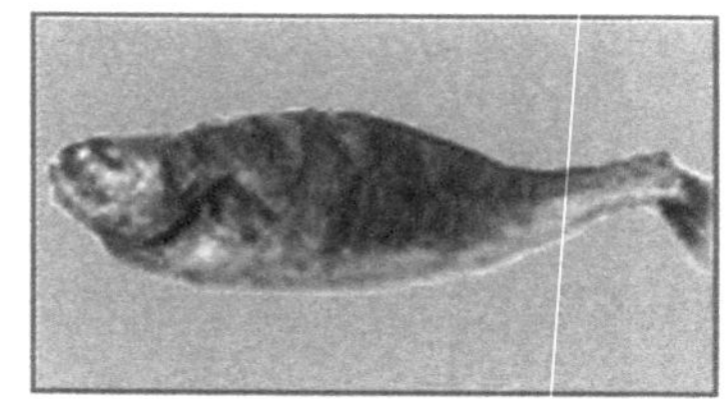

보약 효능

기운을 돋우고 정기를 보충하며 정신을 안정시킨다. 양질의 단백질과 아미노산이 풍부하게 들어 있어, 원기 회복에 좋아 산모의 건강식이나 스태미나식으로 애용된다. 몸이 허약하고 무기력한 사람에게 좋다. 또 불면증 · 건망증 · 시야가 흐릿한 증상에 효험이 있다.

조기매운탕

보약 음식으로 만드는 궁합 재료

① 조기 1~2마리
② 미나리, 무, 두부, 양파, 대파, 쑥갓 등 야채류 적당량
③ 양념장(다진 마늘, 다진 생강, 고춧가루, 후춧가루, 고추장, 깨소금, 소금 등)
④ 술 약간, 다시마 국물

만드는 법

1) 조기의 불필요한 내장을 빼고 비늘과 지느러미를 제거한 다음, 4~5토막을 치고 소금 · 후추를 뿌려 재워 둔다. 이때 술을 2~3잔 정도 부어 비린내를 없앤다.
2) 다시마 국물을 만든다. 다시마에 무를 토막 쳐 넣고 달인다.
3) 다시마 국물에 재워 둔 조기를 넣고 무를 아랫 부분에 깔듯이 하여 끓인다.
4) 끓어오르면 알맞게 자른 미나리, 대파, 쑥갓, 양파, 두부를 넣고 계속 팔팔 끓인다.
5) 마지막에 중간불로 하고, 양념장을 넣고 간을 하여 낸다.
※ 조기매운탕은 입맛을 돋우는 스태미나식으로 좋고, 특히 겨울철 속을 다스리는 요리가 된다.
※ 조기는 석수어(石首魚)라고도 한다. 머리에 흰 돌이 3개가 있기 때문에 붙여진 이름이다. 이 머릿돌을 가루를 내어 먹으면 소변이 원활해진다.

가슴답답증 · 신경통, 가래를 해소해 주는 죽순

죽순은 대의 땅속줄기에서 돋아나는 어린 싹으로서 식용한다. 대는 볏과의 큰잎큰키나무 중 하나로서, 높이 30m 정도이다. 줄기가 꼿꼿하고 속이 비었으며 마디가 있다. 황록색의 꽃이 드물게 피며, 꽃이 피고 나면 말라 죽는다. 낚싯대 · 가구재 등으로 이용된다.

보약 효능

가래와 담을 삭히고 장을 윤활하게 하므로 헛배가 부르고 가래가 많은 증상에 효과가 있다. 또한 열을 내리고 체내의 독을 발산하기 때문에 가슴이 답답한 증세를 풀어 준다. 특히 술에 담가 먹으면 모든 신경통을 해소한다고 한다. 위와 장에 이로운 식품이다.

죽순술

보약 음식으로 만드는 궁합 재료

① 죽순 800g
② 배갈 또는 소주(35° 이상이면 좋다) 1.8ℓ
③ 설탕 300g

만드는 법

1) 봄에 채취한 싱싱한 죽순을 통째로 쓴다.
2) 죽순과 설탕(흑설탕이 좋다)을 유리병에 넣고 배갈 또는 소주를 붓고 밀봉하여 서늘한 곳에 보관한다.
3) 15일 정도 지나 죽순을 빼내고 담은 양의 1/5 정도만 다시 넣어 밀봉한다. 그동안 2~3차례 흔들어 주어 침전을 막는다.
4) 2개월 정도 지나 숙성되면 그 술을 하루 2~3회, 식전에 소주잔으로 1잔씩 마신다.
※ 죽순술은 풍을 제거하고 각종 신경통을 다스린다. 또 혈액 순환을 돕고 소변을 원활하게 한다.

● 한방 요법

- 신장염 · 소변불순-죽순과 옥수수 수염을 같은 양으로 삶은 물을 자주 마시면 효과가 있다.
- 홍역-죽순을 삶아 그 물을 마시면 즉효가 있다.

모발을 검게 하고 뼈를 튼튼하게 해 주는 지황

현삼과의 여러해살이풀이다. 7~8월에 엷은 홍자색 꽃이 줄기 위에 모여 피고 많은 씨가 있는 열매가 타원형으로 익는다. 뿌리는 굵고 육질이며 적갈색인데, 한방에서 보혈제로 쓴다. 날것을 '생지황', 말린 것을 '건지황', 찐 것을 '숙지황'이라 한다.

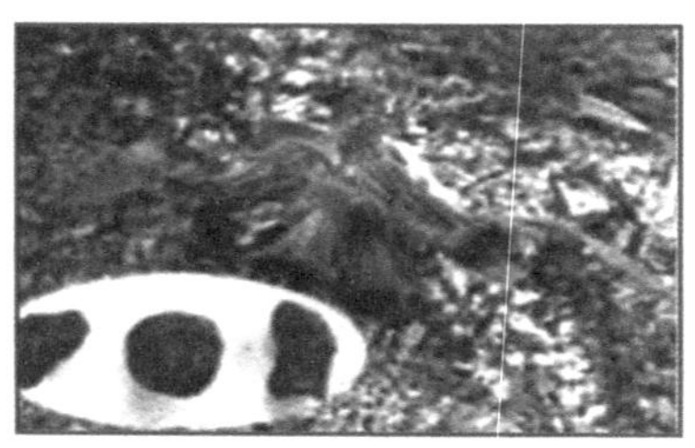

보약 효능

포도당과 철분, 각종 아미노산, 비타민 A 등을 함유하여 약리 작용이 뛰어나다. 인삼과 함께 상비 건강식품으로 친다. 특히 모발을 검게 하고 근육과 뼈를 튼튼하게 한다. 노화를 방지하고 피부를 윤택하게 하며, 치아를 튼튼하게 함은 물론 혈당 수치도 내려 준다.

지황육미탕

보약 음식으로 만드는 궁합 재료

① 지황(생지황 또는 숙지황) 30g
② 산약(마) · 산수유 · 백목련 · 맥문동 · 백출(삽주 뿌리) · 진피(귤껍질) 각 20g씩
③ 꿀이나 설탕 적당량
※ 각각의 약재는 한방약재상에서 구입하여 쓴다.

만드는 법

1) 지황 등 말린 약재들을 깨끗이 다듬어 2~3cm 가량으로 잘게 썬다. 산수유는 그대로 쓴다.
2) 탕관에 넣고 물 2ℓ 정도를 부은 다음 센불로 30분 정도 끓인 뒤 은근한 불로 2시간 정도 더 달인다.(물이 1/3로 준다)
3) 다 달인 뒤 베보자기로 짜서 달인 물만 쓰고 찌꺼기는 버린다. 달인 물을 다른 용기에 담아 냉장고에 보관하고, 쓸 때는 따끈하게 데워서 꿀이나 설탕을 가미하여 마시도록 한다.
※ 1일 2~3회 식후에 중간컵으로 1잔씩 3~4일 정도 나눠서 복용한다.
※ 지황육미탕(육미지황탕)은 신장腎臟을 보하는 탕약의 하나이다. 허약 체질을 강장케 하고 정력 쇠퇴를 회복시키는 효능이 있다. 이뇨 작용도 돕는다.

이뇨, 진해 · 거담, 혈압 강하, 함암 효과가 있는 질경이

질경잇과의 여러해살이풀로서, 길가 또는 빈터에 흔히 자란다. 원줄기가 없고 많은 잎이 뿌리에서 나와 퍼진다. 6~8월에 흰 꽃이 수상꽃차례로 달리고 열매는 삭과로 방추형이다. 어린잎을 나물로 먹고 씨는 차전자車前子라 하여 이뇨제로 쓴다.

보약 효능

질경이의 씨인 차전자에는 이뇨 작용 성분이 다량 함유되어 있다. 또한 간장의 기능을 높여주고 기침을 멎게 하며 갖가지 염증과 궤양 · 만성간염 · 황달 등에도 효과가 있다. 특히 항암 효과가 있어 암세포의 진행을 80%까지 억제한다는 연구 보고도 있다.

질경이죽

보약 음식으로 만드는 궁합 재료

① 질경이씨(차전자) 20~30g
② 쌀(백미) 80g
③ 소금 약간

만드는 법

1) 쌀을 충분히 불린다.
2) 차전자를 베주머니에 넣고 물에 담가 팔팔 끓인다.
3) 차전자가 충분히 우려지면, 차전자를 넣은 주머니를 꺼내고 10분 뒤 그 물에 쌀을 넣어 죽을 쑨다. 나무주걱으로 잘저어 바닥이 눗지 않도록 하고 충분히 익을만큼 녹녹하게 쑨다.
4) 1일 2회 아침 저녁으로 따뜻하게 하여 먹는다.
※ 질경이죽은 진해 · 거담 작용을 하고 열을 내려 준다. 노인의 잔뇨 증상에도 효험이 있고 눈을 밝게 한다.

● 한방 요법

- 기침이 심할 때-질경이를 말린 씨(차전자) 8~10g에 물 200㎖를 부어 물이 반량이 되도록 달여서 식후에 1컵씩 복용한다.
- 혈압이 높을 때-질경이를 말린씨(차전자) 20g 정도에 물 1ℓ를 부어 물이 반량이 되도록 달여서 하루 3회 1컵씩 마시면 효과를 볼 수 있다.

스트레스 해소, 건위·청혈, 발한제로 쓰이는 차조기

꿀풀과의 한해살이풀로서 들깨와 비슷하다. 잎이 자줏빛이며 향기가 있다. 높이 80~100cm이고, 8~9월에 둥근 수과로 열매가 익는다. 어린잎과 씨는 식용하거나 향미료로 쓰고, 잎·줄기는 약용한다. 소엽·자소라고도 한다.

보약 효능

피의 순환을 원활하게 하고 피를 맑게 한다. 비타민 A는 당근과 시금치보다 많이 함유한다. 때문에 노이로제·스트레스 등에 효과가 있다. 식욕부진을 해소하고 장과 위를 튼튼하게 한다. 거담·발한·진해·건위·이뇨제로도 많이 쓰인다.

차조기약죽

보약 음식으로 만드는 궁합 재료

① 차조기 80g
② 멥쌀 400g
③ 다진 파, 후춧가루, 생강, 소금 약간

만드는 법

1) 차조기(열매)를 잘게 짓찧는다.
2) 멥쌀을 버무려 밥을 짓는다.
3) 찧은 차조기에 물 6ℓ 가량을 붓고 휘저은 뒤 베보자기에 넣어 짜서 즙을 받는다.
4) 밥에 차조기의 즙물을 넣고 죽을 쑨다.
5) 나무주걱으로 잘 저어 푹 익은 죽이 되면(조금 묽게 쑨다) 파 · 후춧가루 · 생강을 넣고 소금으로 간을 한다.
6)하루 2회 정도 식사 대용으로 해도 좋다.
※ 차조기약죽을 상식하면 살갗이 희어지고 체취가 향기롭게 된다고 한다. 특히 중풍으로 인한 전신 마비에도 효과가 크다.

● 한방 요법

◐ 감기로 온몸이 쑤실 때〈차조기 삶은 물〉-차조기잎 한 묶음에 대추 10개를 넣고 삶아서 그 물을 양껏 마신 뒤 땀을 내면 효험하다.
※ 차조기에 생강을 넣으면 약효가 배가된다.

백발을 예방하며 만성피로를 없애 주는 참깨

참깻과의 한해살이풀이다. 밭 작물로 여름에 흰빛 또는 분홍빛 바탕에 짙은 자줏빛 점이 있는 대롱 모양의 꽃이 잎겨드랑이에 하나씩 핀다. 어린잎과 씨를 식용하며, 깻묵은 비료 · 사료용으로 쓴다. 씨를 볶아서 깨소금을 만들거나 기름(참기름)을 짜서 양념으로 쓴다.

보약 효능

참깨를 장복하면 만성피로에 좋다. 날것으로 먹으면 모든 풍증을 예방하고 꿀과 같이 쪄서 먹으면 모발을 좋게 하며 허약 체질을 개선한다. 성인병 예방과 스테미나 강화 식품으로도 좋다. 또한 위암 환자와 혈관 장애자에게도 효험이 크다.

참깨죽

보약 음식으로 만드는 궁합 재료

① 참깨 적당량
② 쌀 적당량
③ 소금

만드는 법

1) 깨를 깨끗이 씻어 말린 다음 고소한 향이 나도록 볶는다.
2) 쌀을 씻어서 물에 2시간 이상 불린 후 채반에 담아 물기를 뺀다.
3) 쌀과 깨를 각각 물을 조금씩 붓고 갈아 놓는다. 찌꺼기는 버린다.
4) 갈아놓은 쌀에 다시 적당량의 물을 붓고 중간불에 올려서 나무주걱으로 저어 약간 따끈해지면, 갈아놓은 깨를 조금씩 부어 넣으면서 동시에 저어서 끓인다.
5) 한번 끓어오르면 약한 불로 하여 은근하게 끓이면 된다.
6) 소금으로 간을 맞춰서 먹는다.
※ 참깨죽은 병후 회복에 좋고, 계속 먹으면 머리털이 윤기가 나고 숱이 많아진다고 한다.

● 한방 요법

◎ 만병 퇴치〈검은깨꿀〉-검은깨 1되를 쪄서 말리기를 여러 번 하여(구증구포하면 좋다) 아주 보드랍게 으깨서 꿀 1되를 섞어 항아리에 담아 봉한다. 1개월이 지난 뒤 매일 3번씩 식후마다 큰 찻숟갈 하나씩 끓인 물에 풀어 차마시듯 마시면 특효가 있다.

간 질환 · 요통 · 악성종양 등에 효과가 있는 참외

박과의 한해살이 재배 식물이다. 줄기가 땅 위로 덩굴손을 뻗어 자란다. 잎은 어긋나고 털이 있는 긴 잎자루로서 손바닥 모양으로 얕게 갈라진다. 6~7월에 노란 꽃이 피고 겉이 반질반질하며 맛나고 향기로운 열매가 황색 · 녹색 · 백색으로 둥그렇게 익는다.

보약 효능

주로 간 계통의 질환에 효과가 있고 요통 · 류머티즘성 요통을 다스린다. 또 광기를 진정시키고 타박상 등에 쓰인다. 참외씨와 열매꼭지는 간질병 · 악성종양에 특효가 있다. 황달을 치유하고 눈을 밝게 하는 데에도 적용된다.

참외지짐이

보약 음식으로 만드는 궁합 재료

① 참외 2~3개
② 쇠고기 150g, 고추장, 기름, 대파, 생강, 소금, 깨소금, 설탕, 술 약간

만드는 법

1) 참외(덜 익은 것)를 3~4쪽씩 내어 굵게 저며서 그늘에 반나절 정도 말린다.
2) 쇠고기를 잘게 썰어 곱게 다진 다음 생강 · 소금 · 깨소금 · 후춧가루 · 설탕 등을 뿌려 프라이팬에 아주 약간만 데치듯 볶는다. 이때 술 1~2잔을 부어 담백한 맛을 낸다.
3) 저민 참외와 볶은 쇠고기에 다진 파 · 기름 · 고추장을 넣고, 양념이 골고루 베게 주물러 약한 불에 기름을 두르고 지짐이를 한다.

※ 참외지짐이(진과전)는 임신이나 부인병으로 유발되는 요부 · 둔부의 통증 완화에 좋은 음식이다. 척추 · 신경 · 근육 질환을 포함한 각종 요통에도 효과가 있다.

※ 참외와 땅콩을 같이 먹으면 한열이 상극되므로 해롭다.

※ 밀가루 음식을 먹고 체했을 때-잘 익고 신선한 참외를 잘 씻어 통째로 2~3개 정도 먹으면 효과가 있다.

두통·위통을 낫게 하고, 부인병에 특효 천궁

미나릿과의 여러해살이풀로서, 높이 30~60cm이다. 잎은 깃꼴겹잎이며 예리한 톱니가 있다. 8월에 흰색 꽃이 큰 산형꽃차례로 피며 열매는 익지 않는다. 뿌리줄기는 굵고 강한 향기가 있다. 어린 순을 나물로 먹고 뿌리줄기는 진정·진통 및 강장제로 쓴다.

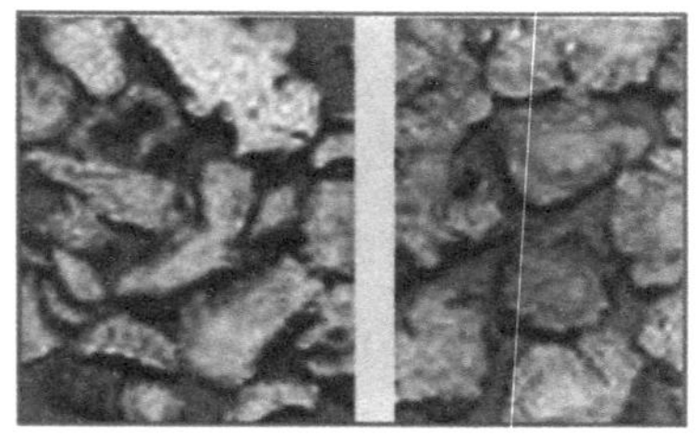

보약 효능

고혈압이나 관상동맥경화증 · 가슴앓이 치료에 효과가 있는 것으로 알려져 있다. 주로 두통을 해소하고 가슴과 옆구리의 통증을 멎게 하는 효능이 있다. 휘발성 기름을 다량 함유하여 진정·진통제로 쓰이고, 두통·위통에 크게 활용된다. 부인병에 특효가 있다.

천궁황기차

보약 음식으로 만드는 궁합 재료

① 천궁 7~8g
② 황기 15~20g
③ 꿀 또는 설탕 약간

만드는 법

1) 천궁은 일단 끓는 물에 약 10분 정도 넣어서 기름기를 빼고 사용한다.
2) 천궁과 황기를 함께 약탕기에 넣고 물 600㎖를 부어 팔팔 끓인다. 물이 반량이 되면 약재와 달인 물을 함께 베보자기에 넣고 짜서 찌꺼기는 버린다.
3) 달인 물만 다시 약탕기에 넣고 1시간 정도 약한 불로 더 달인다.
4) 1일 3회씩 식후에 1컵씩 마신다. 꿀이나 설탕을 가미해도 좋다.

※ 천궁황기차는 락트산(젖산) 성분을 극대화시켜 주므로 여성이 임신했을 때의 여러 가지 장애를 개선하는 데 효과가 크다. 태아의 안정에도 좋다.

※이 차에 배합되는 당귀는 보혈 · 활혈 · 진통 · 진정 효과가 있다. 때문에 천궁과 황기는 여성을 위한 약재로 뛰어나다.

※열이 많고 땀이 많이 나는 증상, 구토 증상이 있을 때는 삼가는 것이 좋다.

두통에 특효, 중풍·신경 쇠약·경기를 다스리는 천마

난초과의 여러해살이풀이다. 높이 60~100cm이고 긴 타원형의 덩이줄기가 있다. 줄기가 붉고 마치 화살처럼 생겼다. 줄기 밑 부분에 잎집처럼 잎이 감싼다. 6~7월에 황갈색 꽃이 모여 피며, 가을에 달걀 모양의 삭과를 맺는다. 전체를 약용으로 쓴다.

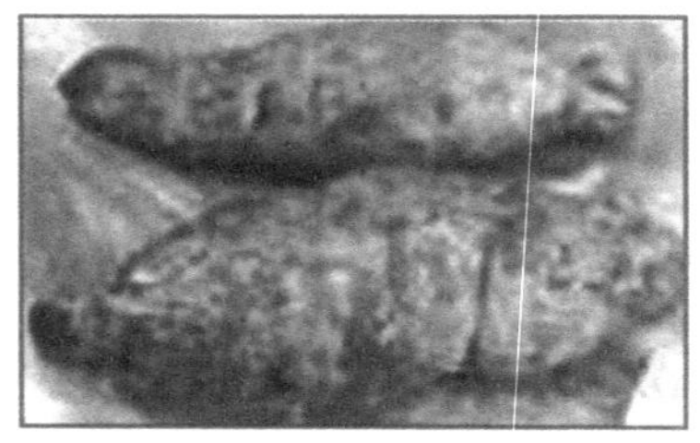

보약 효능

두통에 특효가 있다. 머리 두, 즉 머리는 하늘에 해당되므로 천天자가 붙고, 뿌리는 마麻처럼 생겼다 하여 천마라 한다. 이름그대로 두통·현훈·현기증·두풍 등에 좋은 약재로 쓰인다. 경기·중풍·반신불수·신경쇠약·간질 등에도 광범위하게 처방한다.

천마약탕

보약 음식으로 만드는 궁합 재료

① 천마 3~5g
② 물 180㎖
③ 설탕이나 꿀 약간

만드는 법

1) 잘 말린 천마의 뿌리줄기를 쓴다.
2) 물 180㎖를 붓고 천마를 넣어 중간불로 반량이 되도록 달인다.
3) 다 달여지면 베보자기로 짜서 찌꺼기는 버리고 달인 물만 쓴다.
4) 1일 2~3회 공복에 마신다. 설탕이나 꿀을 약간 넣어 마셔도 좋다.

※ 천마약탕은 두통이나 현기증이 날 때 특효가 있다. 천마의 주요 효능은 풍을 해소하고 숙면을 하도록 한다.

● 한방 요법

- 가슴이 답답하고 어지럼증이 있을 때〈천마천궁차〉-천마 10g과 천궁 15g을 함께 달여서 그 물에 꿀을 넣고 찻잔으로 1잔씩 공복에 마시면 효과가 있다.
- 중풍으로 경련이 일어날 때〈천마싹〉-천마의 어린싹 10~12g을 달여서 2번에 나누어 식사와 함께 마시면 진정이 된다.

폐열을 내리고 가래 · 기침을 멈추게 하는 천문동

바닷가 근처에서 자라는 백합과의 여러해살이풀이다. 높이 1~2m의 덩굴성 줄기가 뻗는다. 뿌리줄기는 짧고 방추형이며, 사방으로 퍼진다. 5~6월에 황색 꽃이 피고 열매는 하얗게 익는데, 속에 검은 씨가 1개 들어 있다. 어린 줄기는 식용하고 뿌리는 약용한다.

보약 효능

폐의 열을 내리게 하고 가래를 없애며 기침을 멈추게 하는 효과가 있다. 아스파라긴산 · 당분 · 전분 · 점액질 등이 풍부하여 청량 자양제로 중요한 약재이다. 입 안이 마를 때와 발열의 증상이 있을 때 쓰며, 변비가 심한 사람에게도 적용한다.

천문동탕

보약 음식으로 만드는 궁합 재료

① 천문동 15~20g
② 조기(중간 크기 이상) 1마리
③ 고추장 · 된장 각 50g, 무 1/2개, 대파 1뿌리, 쑥갓, 고춧가루, 다진 마늘, 술, 후추, 조미료 약간

만드는 법

1)천문동의 덩어리 뿌리는 껍질을 벗기고 따뜻한 물에 담가 두었다가 속심을 빼고 하루 동안 찐 다음 햇볕에 말리기를 여러 번 하는 약재이다. 때문에 일반인들은 한약건재상에서 구입하여 쓰는 것이 좋다.
2) 천문동을 잘게 썰어 2컵의 물을 붓고 1시간쯤 약한 불로 달여서 그 물이 1컵 정도로 줄었을 때 베보자기에 짜서 건더기는 버리고 달인 물을 국물로 쓴다.
3) 조기는 비늘을 긁어내고 내장을 뺀 다음 깨끗이 손질한다.
4) 천문동을 달인 국물에 고추장 · 된장을 풀고 멸치다시다를 적당량 넣고 끓인다.(멸치국물을 넣으면 더 좋다)
5) 펄펄 끓을 때 조기와 무를 넣는다.
6) 거의 익었을 때 쑥갓, 마늘 등 양념을 넣어 완성한다.
※ 천문동탕은 신체의 영양 물질을 생성하는데 도움이 되지만, 피부 미용에도 특효가 있다고 알려져 있다.

감기 · 인후통 · 기관지염, 이뇨에 좋은 취나물

취나물은 산나물인 취를 삶아 쇠고기 · 파 등을 넣고 양념을 하여 볶은 나물을 말한다. 보통 참취를 요리한 것이다. 취는 곰취 · 단풍취 · 미역취 · 수리취 · 참취 등을 통틀어 이르는 말이다. 이들 모두가 국화과의 여러해살이 풀이다. 어린잎과 줄기 · 뿌리를 식용 · 약용한다.

보약 효능

취는 봄에 나물이나 쌈으로 먹고 말려서 약용한다. 주로 감기 · 천식 · 인후염 · 기관지염에 좋고 폐의 기능을 활성화시킨다. 개미취의 뿌리에는 항암 작용 성분이 들어 있다. 수리취는 백혈병에 좋다. 미역취는 건위 · 이뇨제로 쓰인다.

취볶음나물

보약 음식으로 만드는 궁합 재료

① 취(곰취 · 미역취 · 참취) 300g
② 쇠고기 50g
③ 간장 · 고추장 · 된장 · 파 · 마늘 · 참기름 · 깨소금 · 설탕 약간

만드는 법

1) 봄에 채취한 신선한 취를 잘 다듬어 어린줄기와 잎을 따서 살짝 데친 다음 물에 헹구어 물기를 꼭 짠다.
2) 쇠고기를 아주 잘게 다져 기름을 두르고 볶는다. 다진 마늘, 간장, 깨소금을 쳐서 간을 하고 술을 1잔 정도 부어 담백하게 볶아 익힌다.
3) 데쳐진 취에 쇠고기 볶은 것과 양념(간장 · 고추장 · 된장 · 대파 잘게 썬 것 · 다진 마늘)을 넣고 무치다가 참기름과 깨소금을 쳐서 낸다.
※ 취볶음나물은 쓰고 달며, 독특한 향기가 있어 입맛을 돋우고 위장을 보하며 이뇨에 좋다. 특히 기침을 할 때 먹으면 즉효가 있다.
※ 목이 부어오르고 아플 때-참취나 미역취 · 곰취의 여린 줄기와 잎을 따서 사용한다. 12~15g 정도를 물 300㎖에 넣고 반량이 될 때까지 달여서 그 물로 양치질을 하면 효과가 있다.

해열 · 지혈 · 이뇨 · 중독 해소에 효험 치자

치자나무는 꼭두서닛과의 늘푸른큰잎떨기나무이다. 높이 1~2m이며, 어린 작은 가지에는 먼지 같은 털이 있다. 긴 타원형의 잎이 마주나고 윤기가 난다. 6~7월에 향기로운 흰 꽃이 피며, 가을에 열매(치자)가 황갈색으로 익는다. 열매는 약재와 물감 원료로 쓴다.

보약 효능

열을 내리는 해열제로 쓴다. 열병으로 가슴이 답답하고 눈이 충혈 되거나 붓고, 종기 · 부스럼 등의 증상에 효과가 있다. 치자를 생것으로 쓰면 열을 내리고 해독 작용에 좋고, 볶아서 쓰면 피를 삭이고 지혈 작용에 좋다. 눈병 · 황달의 해열과 지혈 · 이뇨에 효험하다.

치자술

보약 음식으로 만드는 궁합 재료

① 치자(열매) 400g
② 소주(35° 이상이면 좋다) 1.6ℓ
③ 설탕 200g

만드는 법

1) 치자를 잘 씻어 물기를 뺀다.
2) 용기에 치자를 넣고 소주를 부어 밀봉하여 시원한 음지에 둔다.
3) 10일마다 1~2회씩 흔들어 주어 침전을 막는다.
4) 3개월 정도 지나면 개봉하여 천이나 여과지로 술을 내리고 건더기는 버린다. 여과된 술과 버린 건더기의 1/10 정도를 다시 담아 밀봉한다.
5) 다시 2개월 정도 지나면 등황색의 맑은 술로 익는데, 이 술을 하루 1~2회 식후에 마신다.

※ 치자술은 몸의 열을 내리고 지혈이나 이뇨, 피로 회복에 좋은 술이다.

※ 타박상이나 종기가 났을 때〈치자연고〉-산치자(산에 야생하는 산치자나무의 열매를 쓴다) 5~6개를 약간 볶아서 말렸다가 가루를 낸다. 이 가루에 달걀 흰자위를 섞어 짓이겨 갠다. 연고처럼 되면 환부에 5mm 정도 두껍게 바르고 가제 따위로 싸맨다.

※ 산치자는 열을 흡수하여 증상을 가라앉히는 소염 작용이 뛰어나다.

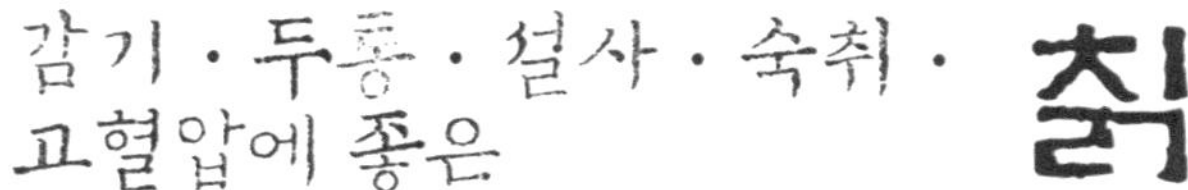

감기·두통·설사·숙취·고혈압에 좋은 칡

콩과의 갈잎큰잎덩굴나무이다. 잎은 어긋나며 3개의 작은 잎으로 된 겹잎이다. 8월경 잎사귀의 겨드랑이에서 콩과 특유의 나비 모양 적자색 꽃이 핀다. 뿌리는 갈근葛根이라 하는데, 비대하여 길이 1.5m, 지름이 2cm 이상 자란다. 흰 빛의 뿌리 육질은 식용·약용한다.

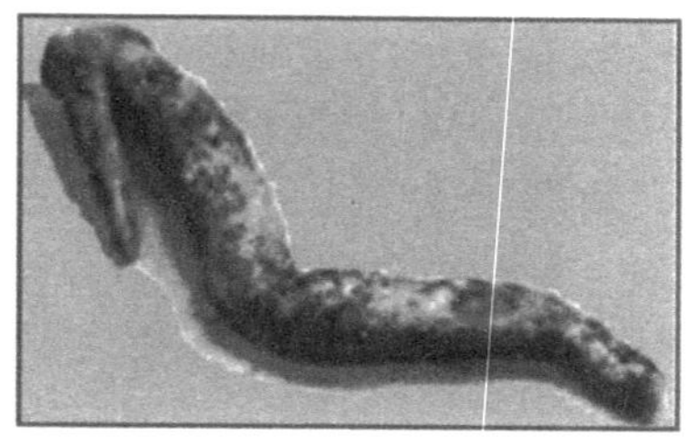

보약 효능

칡 뿌리에는 녹말과 당분, 칼슘, 인 등 무기질, 비타민 B가 다량 함유되어 있다. 감기에 의한 오한·발열을 다스리고 두통과 목이 뻐근한 데 먹으면 좋다. 갈증과 이질·설사 증상에도 좋다. 최근에는 고혈압·관상동맥 심장병에도 효과가 있는 것으로 밝혀졌다.

칡(갈근)차

보약 음식으로 만드는 궁합 재료

① 칡 20g
② 꿀 또는 설탕 적당량

만드는 법

1) 물(8컵 정도)을 넣고 팔팔 끓인다.
2) 물이 끓는 도중에 칡을 넣고 중간불로 15분 정도 더 끓인다.
3) 맛과 향이 푹 우러나면 체에 걸러 건더기를 건져내고 달인 물만을 마신다.
4) 필요할 때 따끈하게 데워서 꿀이나 설탕을 조금 가미하여 마시면 좋다.

※ 칡(갈근)차는 감기 증세가 있거나 갈증이 날 때 마시면 효과가 크다. 해열제로도 좋고 술독을 푸는 데도 효과가 있다.

● 한방 요법

- 숙취 해소〈칡즙〉-칡뿌리 날것을 잘게 썰어서 믹서에 물을 붓고 맑은 즙이 될 때까지 두어 번 갈은 물을 아침 저녁으로 식전에 마신다.
- 감기로 열이 날 때〈갈근탕〉-칡을 하루 8~10g 정도 달여 먹거나 즙으로 내어 먹으면 좋다.

당뇨병 · 중풍 · 고혈압 · 암 예방 등 만병에 효과 콩

콩과의 한해살이풀이다. 높이 60~100cm이고 곧게 서는데, 덩굴성 종류도 있다. 3개로 된 작은 잎이 어긋나며 겹잎이다. 여름에 잎겨드랑이에 흰색 또는 보라색의 작은 꽃이 많이 달린다. 열매는 협과로서 납작한 선상타원형인데, 거친 털이 많이 나 있고 1~4개의 씨가 들어 있다. 중국이 원산이다. 씨는 단백질이 많아 밥에 넣어 먹기도 하고 장을 담거나 두부, 콩기름을 짠다. 콩깻묵은 사료로 쓴다. 대두(大豆)라고 한다.

보통 콩을 황두(黃豆 = 메주콩)라고 하고 검은콩을 흑두(黑豆)라고 한다. 콩 종류는 편두(까치콩), 여우콩(쥐눈이콩), 강낭콩, 완두 등 전 세계에 약 1만 3,000여 종이 있다고 한다.

보약 효능

콩을 '밭의 쇠고기', '신(神)이 내린 곡식, '지구상 가장 위대한 식물'이라고 말한다. 그만큼 영양가가 높기 때문이다. 양질의 단백질원이고 트립토판 · 글루탐산 · 리진 등 필수 아미노산을 함유하고 있어 신체의 성장을 돕고 각종 물질대사 작용을 원활하게 한다. 불포화 지방산 성분으로 각종 성인병을 예방한다. 당뇨병 · 중풍 · 허리와 다리의 통증 · 비만증 · 고혈압 · 동맥경화 등 만병을 다스리는 건강 식품이다. 암 예방은 물론 수종과 종독, 소화불량 · 설사에도 효능이 있다.

두부부추전

보약 음식으로 만드는 궁합 재료

① 두부 3모(식구 수에 따라 가감한다)

② 부추 1/2단

③ 오징어 적당량, 풋고추 3개, 부침가루, 달걀 적당량, 양념소스(다진 마늘, 양파, 참기름, 깨소금, 후춧가루, 설탕 등을 넣고 만든 것)

만드는 법

1) 두부를 아주 잘게 으깨어 꽉 짜서 물기를 빼고 2시간 정도 말리듯 한다.

2) 부추를 깨끗이 씻어 잘 다듬어 놓고(반으로 자르거나 잘게 잘라 쓴다), 오징어를 쓸만큼 씻어서 내장을 빼고 다리와 살 부분을 2~3cm 정도로 자른다.

3) 달걀물을 부침가루와 혼합한다.

4) 으깬 두부와 오징어, 부추를 부침가룻물에 버무려서 식용유를 두른 프라이팬에 얹어 부침개를 한다.

5) 재료에 굴을 넣어도 입맛을 돋운다. 완성되면 양념소스에 찍어 먹는다.

※ 두부부추전은 간식으로 영양 만점의 요리이다.

※ 단, 위가 차고 식욕이 없는 사람은 피하는 게 좋다.

● 한방 요법

- 뼈마디가 저리고 아플 때〈검은콩죽〉-검은콩을 충분히 불려 끓인다. 그 물에 쌀을 넣고 흑설탕을 조금 쳐서 쌀이 죽이 되도록 쑨다. 필요할 때 수시로 먹는다.
- 비듬이 많을 때〈콩기름〉-콩기름을 솜에 묻혀 깨끗이 씻은 머리 피부에 서너 차례 문질러 주면 특효가 있다.
- 동맥경화 · 고혈압 등 성인병 예방〈콩가루즙〉-먼저 우유를 따끈하게 데운 다음 콩가루를 넣고, 꿀이나 흑설탕을 섞어 잘 혼합하여 마신다. 위장이 약한 사람은 가벼운 식사와 함께 이 즙을 보충식으로 하면 좋다.
- 부스럼으로 진물이 날 때〈생두부〉-생두부를 편으로 썰어 환부에 붙인다. 하루 3~4회 바꿔 붙인다. 부스럼약으로 처방한 고약 등을 두부편에 발라 붙이면 약효가 더욱 크다.
- 화상이나 물에 덴 데〈생콩즙〉-콩(대두)을 입 안에 넣고 침을 골고루 무쳐잘근잘근 씹은 생콩즙을 환부에 발라주고 하루 두어 차례 바꿔 준다. 또 콩가루를 참기름에 개어서 발라 주어도 좋다.
- 홧병 · 가슴이 답답할 때〈검은콩차〉-검은콩과 감초를 같은 양으로 보리차 끓이듯 달여서, 그 물만 마시면 특효가 있다.

위장을 편안하게 하고 피부를 좋게 하는 토란

천남성과의 여러해살이풀이며, 높이 80~120cm이다. 땅속에 살이 많은 덩이줄기가 있다. 잎은 두껍고 넓은 방패 모양이다. 구멍이 많은 잎자루 내피질은 육질이다. 꽃은 피지 않는다. 따뜻하고 습한 곳에 잘 자란다. 뿌리줄기와 잎자루를 식용한다. 채소로 널리 재배한다.

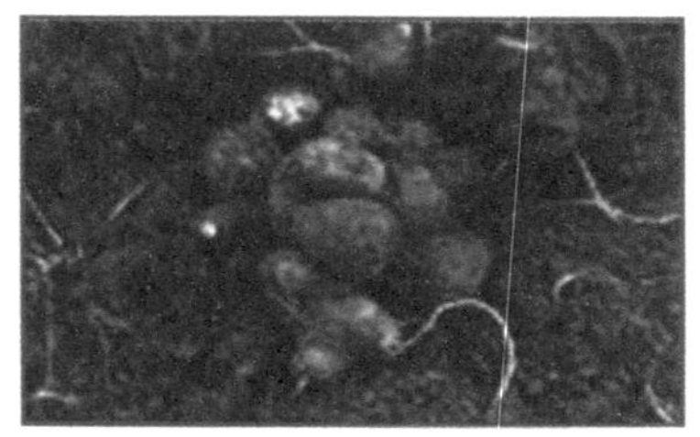

보약 효능

위와 장을 편안하게 하며 근육을 강하게 하고 피부를 좋게 하는 효능이 있다. 특히 임산부가 먹으면 어혈을 터뜨리고 피와 원기를 보해 준다. 뱃속이 뭉친 증상, 피부 부스럼, 종독 등에 효과가 있어, 겨울 명절 때 즐겨 먹는 국거리 재료이다.

토란국

보약 음식으로 만드는 궁합 재료

① 토란 100개(식구 수에 따라 증감)
② 쇠고기 50g
③ 대파 1개, 생강, 다진 마늘, 후춧가루, 간장, 소금 약간

만드는 법

1) 토란의 껍질을 벗겨 하루 정도 옅은 소금물에 담가 아린 맛을 제거한다.
2) 쇠고기를 다져서 다진 마늘, 간장, 소금, 생강 등을 넣고 팔팔 끓여 맑은 장국을 만든다.
3) 장국물에 토란을 넣고 대파를 굵게 썰어 넣는다. 중간불로 30분 정도 더 끓여 토란이 푹 익도록 한다. 다 되면 간장, 후춧가루로 간을 하여 낸다.

※ 토란국은 위와 장을 활성화하고 피부를 좋게 한다.

※ 토란을 생식하면 독이 있으므로 소금이나 생강즙을 넣고 아린 맛을 빼거나 되도록 삶아 먹으면 좋다.

※ 대변을 편하게 하고 싶을 때-토란을 쪄서 푹 익힌 다음 껍질을 벗긴다. 이것을 설탕에 찍어 매일 3차례 식사와 함께 2~3개씩 먹으면 효과를 볼 수 있다.

혈압 강하와 암·당뇨병에 뛰어난 효능 토마토

가짓과의 한해살이풀이다. 높이 2m이며, 잎은 어긋나고 길이 15~45cm의 깃꼴겹잎이다. 여름에 노란 꽃이 잎아귀에서 여러 개 모여난다. 늦여름 동글동글한 열매가 붉게 익는다. 밭에 흔히 재배한다. 열매는 익으면 날로 먹거나 소스·캐첩 따위를 만든다.

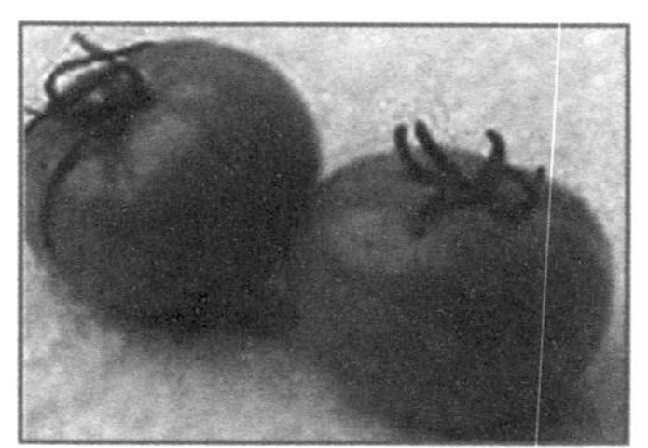

보약 효능

토마토는 영양의 보고이다. 비타민 B_1,B_2,C가 많이 들어 있어 변비나 피부 미용에 아주 좋다. 혈압을 낮춰 주며, 암세포의 증식을 막고 당뇨병을 치료하는 물질로 각광을 받고 있다. 또한 우수한 정력 보강 식품이며, 소화 촉진, 신경통 해소에도 뛰어난 효능이 있다.

토마토오렌지즙

보약 음식으로 만드는 궁합 재료

① 토마토 큰 것 2개
② 오렌지 1/2개
③ 당근 1/2개, 꿀 또는 설탕 적당량

만드는 법

1) 토마토의 꼭지를 따고 깨끗이 씻어 껍질을 벗겨 낸다.(뜨거운 물에 담궈 굴리면 쉽게 껍질을 벗겨 낼 수 있다)
2) 오렌지의 껍질을 벗기고 믹서에 넣어 곱게 즙을 낸다.
3) 당근의 껍질을 깍아 내고 토막친다.
4) 토마토와 당근을 넣고 곱게 갈아 즙을 낸 다음 꿀이나 설탕을 섞어 마신다.

※ 토마토오렌지즙은 비타민과 칼륨이 풍부하여 간장의 기능을 회복시키는 데 좋은 음식이다. 속쓰림을 해소하고 식욕을 돋운다.

※ 〈전립선암의 발생률을 낮춰 주는 토마토〉 : 토마토에는 라이코펜이라는 성분이 있어 암을 예방한다는 연구 결과가 나왔다. 미국 하버드대는 토마토를 많이 섭취하는 남성 중 전립선암의 발생률이 45%로 줄어 들었다는 것을 세계암협회를 통해 밝혔다.

답답증을 해소하고 진통 작용을 하는 파

백합과의 여러해살이풀로서, 중요한 채소로 많이 재배하고 있다. 땅속줄기에는 많은 수염뿌리가 있다. 여름에 70cm 가량의 꽃줄기 끝에 백록색 꽃이 빽빽하게 종 모양으로 핀다. 잎은 둥근 기둥 모양이며 끝이 뾰족하고 속이 비었다. 특이한 냄새와 맛이 있어 식용 · 약용한다.

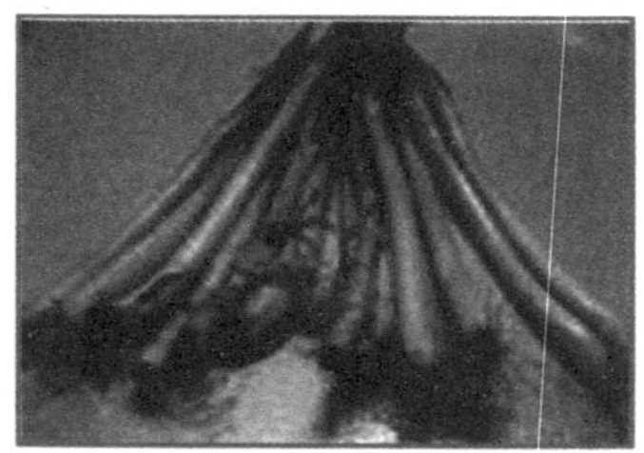

보약 효능

파는 양념으로 꼭 필요하지만, 뛰어난 약리 작용도 한다. 흰 대궁 부위는 '총백'이라고 하여 감기를 치료하는 한약재에 같이 넣는다. 추운 기운을 없애고 답답증을 해소하며, 피를 맑게 한다. 파의 즙은 진통과 지혈 작용을 한다.

파김치

보약 음식으로 만드는 궁합 재료

① 실파 1단 이상
② 멸치젓국 1컵 정도
③ 양념류(다진 마늘, 다진 생강, 고춧가루, 당근, 소금 등)

만드는 법

1) 실파를 깨끗이 씻어 물기를 뺀다.
2) 멸치젓에 물을 넣고 1시간 정도 푹 달여서 체로 걸러 찌꺼지를 버리고 맑은 젓국을 만든다.(시중에서 구입한 멸치젓국을 그대로 적당량 넣어도 된다)
3) 당근을 조금 길쭉하고(4~5cm 정도) 아주 얇게 썬다.
4) 파에 당근과 양념류를 넣고 젓국을 부어 버무린다. 소금으로 간을 맞춘다.
5) 잘 버무려지면 4~5가닥씩 가지런하게 묶어서 용기에 차곡차곡 쌓아 눌러 담는다.
※ 파김치는 입맛을 돋우고 몸을 따뜻하게 해 준다. 혈액 순환에도 좋다.

● 한방 요법

급성 위통–쪽파의 껍질을 벗기고 잘게 빻거나 으깬 뒤, 참기름을 조금 넣고 섞어 아플 때 먹으면 효력이 있다. 많이 만들어 놓고 냉장고에 보관하여 필요할 때 써도 된다.

담을 풀고 가슴 답답증을 해소해 주는 파래

녹조류 갈파랫과의 바닷말이다. 민물이 흘러드는 바다의 바위나 양식장의 나뭇대 등에 뭉쳐 난다. 김과 같이 넓적하고 두께가 얇으며, 가장자리에 물결 모양을 이룬다. 광택이 있는 푸른빛이고 길이는 15~20cm이다 향기와 맛이 있어 식용한다.

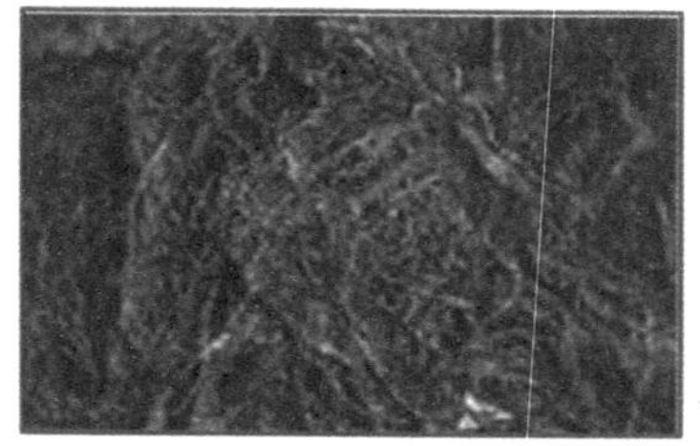

보약 효능

심혈관 질환이나 갑상선이 부어오르는 증상, 빈혈, 영양 불량 등에 효과를 나타낸다. 가슴의 답답증을 풀고 오래 된 체증으로 뱃속이 뭉친 것 같은 증상을 완화하는 데 좋은 약재이다. 또 소화를 돕고, 담 · 독창 · 악창을 해소하는 데에도 좋다.

파래튀각

보약 음식으로 만드는 궁합 재료

① 파래 50g(시중에서 파는 파래 뭉치로 1개 정도)
② 찹쌀 100g
③ 튀김기름, 소금, 설탕 등

만드는 법

1) 파래를 깨끗이 씻어 손질하여 체에 받쳐 물기를 쏙 뺀다.
2) 찹쌀을 충분히 불려 죽을 쑨다.
3) 물기가 빠진 파래를 먹기 좋을 만큼 알맞게 빚어서 동그랗게 또는 길둥글게 뭉친다.
4) 뭉친 파래를 찹쌀죽에 담궈 죽을 묻혀 튀김기름에 고슬고슬 튀겨 낸다. 이때 소금이나 설탕으로 간을 맞추고 조금 달게 해서 먹는다.
※ 파래튀각은 독특한 미각으로 어린이의 간식용이나 영양식으로 좋다.

한방 요법

나력(결핵균이 귀 · 목 등의 림프선을 침입하여 멍울이 지고 붓는 병)으로 고생할 때〈파래 삶은 물〉-파래 30g 정도와 하고초(한방약재상에서 구입해서 쓴다) 15g 정도를 같이 삶아 그 물을 차마시듯 수시로 마시면 효과가 있다.
※파래를 쓸 때는 감초를 같이 쓰지 않도록 한다.

각기병에 특효, 당뇨병에도 좋은 팥

콩과의 한해살이풀이다. 키가 30~60cm이고 3개의 작은 잎으로 된 겹잎이 어긋나는데, 달걀 모양이다. 여름에 노란 나비 모양의 꽃이 잎겨드랑이에서 피고 가늘고 긴 원통 모양의 꼬투리에 4~15개의 적갈색 · 검은색 · 담황색 등의 씨(팥)가 든다.

보약 효능

단백질 · 지방 · 당질 · 섬유 등과 비타민 B_1이 다량 함유되어 각기병 치유에 큰 효능이 있다. 또 열독에 의한 종양을 다스리고 나쁜 피를 몰아내며, 답답증을 해소한다. 종기나 부스럼, 수종 등에는 팥가루를 물에 개어서 바르면 낫는다고 한다.

팥약탕

보약 음식으로 만드는 궁합 재료

① 팥 120g(3컵 정도)
② 늙은 재래 호박 1/4개
③ 다시마 100g
④ 고춧가루, 소금 약간

만드는 법

1) 팥을 반나절 정도 물에 담가 불린다.
2) 호박은 잘 씻어서 4등분하여 그대로 쓴다.(씨 · 속 · 겉 모두)
3) 다시마는 4~5cm로 잘라 쓴다.
4) 팥과 호박, 다시마를 솥에 함께 넣어 물을 부어 중간불로 삶는다. 재료가 푹 익도록 찌듯이 삶는다.
5) 모두 흐물흐물해지고 국물이 잘 섞여지면 약한 불로 1시간 정도 더 삶은 뒤, 건더기와 국물을 같이 먹는다,
6) 소금으로 약간만 간을 하고, 반드시 고춧가루를 듬뿍 뿌려 맵게(먹을 수 있을 만큼) 해야 약탕이 된다. 1일 3회 식간에 반 그릇씩 먹도록 한다.
※ 팥약탕은 당뇨를 완화시키는 데 아주 좋은 음식이다. 약으로 먹어야 한다.
※ 다리가 붓는 등 각기병〈팥죽〉-팥죽을 끓여서 소금이나 설탕을 전혀 넣지 않고 싱겁게 먹는다.
※ 약재로 팥알을 쓰면 소변을 잘 나오게 하고, 반면 팥잎을 쓰면 소변을 멎게 한다.

피부 미용, 피로 회복에 좋은 천혜의 장수식품 포도

포도나무는 포도과의 갈잎덩굴나무이다. 줄기는 덩굴지며, 덩굴손으로 다른 물체에 감아 붙는다. 초여름에 담녹색의 꽃이 피고 꽃이 진 뒤에 장과가 송이 모양으로 생긴다. 가을에 열매(포도)가 암자색·담녹색으로 익는데, 식용한다.

보약 효능

칼륨과 철분이 많은 알칼리성 식품으로 비타민 A, B_1, B_2, C 등을 함유하고 있다. 오랫동안 많이 먹게 되면 몸이 가벼워지고 늙지 않으며, 장수를 누리게 된다고 전해진다. 피를 맑게 하고 미용에도 좋다. 또 소화, 이뇨제로 쓰이고 피로를 풀어 준다.

포도주

보약 음식으로 만드는 궁합 재료

① 포도 30kg 정도
② 설탕 10kg 정도(포도량의 1/3로 한다)

만드는 법

1) 포도를 흐르는 물에 잘 씻어 낱알로 하여 항아리에 담는다.
2) 그 위에 설탕(흑설탕이면 더 좋다)을 부어 얹어 그대로 밀봉한다.
3) 그늘지고 서늘한 곳에 보관하여 5~6개월 정도 지나 먹도록 한다. 먹기 전 1개월 전부터 가끔 흔들어 침전을 막는다.

※ 포도주는 오래 숙성시킬수록 좋다. 몸의 피를 맑게 하고 조혈을 해 준다. 얼굴을 윤기나게 하며, 뼈를 튼튼히 해 준다. 양기 보강에도 좋다. 식전이나 식후에 소주잔으로 1~2잔씩 상식하면 어떤 보약보다도 좋다고 한다.

※ 술 먹듯 너무 양껏 마시면 오히려 몸에 해롭다.

※ 포도주를 담글 때는 주정이 든 술을 넣지 않는다.

※ 포도는 씨까지 다 먹는 것이 좋다. 포도씨에는 15~20% 정도의 지방유가 들어 있어, 태아의 발육과 안정에 도움이 된다. 또 암 예방에 효력이 있다는 연구 결과도 있다.

암 · 당뇨병 · 고혈압 등에 효과 표고버섯

표고(=표고버섯)는 담자균류 느타릿과의 버섯이다. 밤나무 · 떡갈나무 등 활엽수에 붙어 난다. 굵고 짧은 줄기 위의 삿갓은 원형으로 넓고 짙은 자줏빛인데, 가는 솜털 모양의 비늘 조각이 덮여 있다. 사계절 널리 재배되고 각종 요리에 사용된다.

보약 효능

인체의 항암 작용을 강화시키고 동맥경화 · 고지혈 · 고혈압과 당뇨병 환자에게 좋은 식품이다. 잔주름과 거칠거칠한 피부를 개선해 주고 기미 · 여드름 · 주근깨 등에 효과가 있다. 머리털을 검게 하고 잘 나게도 한다. 또한 심장질환 계통과 냉병을 다스린다.

표고버섯차

보약 음식으로 만드는 궁합 재료

① 표고 적당량

만드는 법

1) 표고(말린 표고의 경우)를 물에 불린다.
2) 불리는 방법 =〉 표고를 물에 담가 삿갓 부분을 밑으로 가게 해 놓는다.
3) 30분 정도 지나면 버섯이 물을 전부 흡수에 버린다.
4) 불린 표고를 썰어서 뜨거운 물에 담가 둔다.
5) 하루 정도 지나 표고차로 마신다. 마실 때 약간 데워서 설탕을 조금 쳐서 마셔도 되는 데, 그대로 마셔도 맛과 향기가 있다.
※ 표고차는 비타민 B_2의 보고이기 때문에, 담배의 해독 작용에 제 1의 식품이다. 애연가가 매일 1잔씩 마시면 좋다. 그러나 담배를 안 피우는 것이 더 좋다.

● 한방 요법

◐ 식욕 부진이나 담(痰 : 수분대사 장애로 몸의 어느 부분이 응결되어 결리고 아픈 증상)으로 고생할 때〈표고나물〉-표고 날것(생표고)을 살짝 데쳐서 기름이나 소금에 무친 나물을 매일 찬거리로 먹으면 효과가 있다.
※표고는 굽고, 삶고, 튀겨도 영양이 파괴되지 않는다.

설사를 내리고 중풍을 다스리는 피마자

대극과의 한해살이풀로서 높이 2m에 이른다. 잎은 잎자루가 길고 어긋나며, 손바닥 모양으로 갈라진다. 8~9월에 엷은 홍색의 꽃이 모여 나고 위 부분에는 암꽃이, 밑 부분에는 수꽃이 달린다. 열매는 삭과로 3개의 씨가 들어 있다. 씨는 기름을 짠다. 아주까리라고도 한다.

보약 효능

피마자씨로 짠 기름은 설사를 내리거나 관장제로 쓰인다. 이른 바 아주까리기름이라 불리는 피마자유는 머릿기름으로 유명했었다. 피마자 껍질은 중풍에 쓰이고 피마자기름은 팔다리가 결리고 잘 움직이지 못하는데 유용하다. 변비에도 효력이 있다.

피마자기름탕

보약 음식으로 만드는 궁합 재료

① 피마자기름 100㎖
② 술 180㎖(소주 20° 짜리 1홉)

만드는 법

1) 피마자기름과 술을 나무젓가락으로 골고루 섞는다.
2) 탕기나 그릇에 넣어 팔팔 끓인다. 다 끓으면 은근한 불로 30분 정도 더 달인다.
3) 1회에 15~20㎖씩 하루 3번 공복에 따뜻하게 하여 1컵씩 마신다.
※ 피마자기름탕은 중풍에 아주 좋은 음식이다. 팔다리가 불편하고 등 쪽이 굳는 듯 마비가 올 때 사용하면 좋다.

● 한방 요법

얼굴에 오는 중풍〈피마자즙 찜질〉–중풍으로 얼굴이 돌아 가는 증상에는 피마자의 껍질을 벗기고 곱게 짓찧는다. 오른쪽으로 비뚤어지면 왼손바닥, 왼쪽으로 비뚤어지면 오른손바닥 중심에 찧은 것을 붙여 준다. 그 위에 뜨거운 물이 담긴 컵을 놓아 찜질 비슷하게 하면 효력이 있다. 효과가 나면 즉시 피마자를 씻어 낸다.

머리카락을 검게 하고 노화를 방지해 주는 하수오

마디풀과의 덩굴성 약용 식물이다. 잎은 어긋나고 잎자루가 길며 가장자리가 밋밋하다. 8~9월에 흰 꽃이 가지 끝에 원추꽃차례로 달리며, 수과로 익는 열매는 3개의 날개가 있다. 땅속에 덩어리지는 뿌리를 한방에서는 새박뿌리라 하여 약재로 쓴다.

보약 효능

하수오는 강정 · 강장 및 완화제로 쓰인다. 춘추전국시대 하공河工이라는 임금이 하수오를 복용하고 갑자기 백발이 흑발로 변한 것을 보고, "하공의 머리(首)가 까마귀(烏)같이 되었다"하여 하수오何首烏)로 불리워졌다. 그만큼 회춘과 강정에 좋다는 말이다.

하수오차

보약 음식으로 만드는 궁합 재료

① 하수오 8g 정도

만드는 법

1) 하수오를 잘게 썬다.
2) 하수오를 삼베나 가제 천에 싸서 차관이나 용기에 넣고 끓인 물을 적당량(약 360㎖) 부어 하수오 엑기스가 우러나면 그 우린 물을 하루 2회 정도 1컵씩 마신다.

※ 하수오차에는 데실린이라는 성분이 있어 내분비를 자극하므로, 노화를 방지하고 기운을 북돋우어 준다. 고혈압 · 동맥경화 · 관상동맥 심장병에도 효과가 있다.

※ 설사 기운이 있거나 담으로 인한 습기가 있는 사람은 쓰지 않는 것이 좋다.

● 한방 요법

◐ 신경성 노이로제〈하수오죽〉-하수오 10~12g과 대추 2~3개, 백미 50g 정도를 죽을 쑤어, 하루 2회 스프처럼 묽게 하여 먹는다.
※하수오는 불에 구운 것을 써야 한다. 생것에는 독성이 있다.

월경불순 등 부인병에 두루 쓰이는 여성 묘약 향부자

방동사닛과의 여러해살이풀이다. 잎은 선형이며 뿌리줄기에서 뭉쳐나고 여름에 줄기 끝에 다갈색의 꽃이삭이 달린다. 뿌리 끝에 덩이줄기가 생기는데, 서로 이어진 살이 희고 향기롭다 하여 향부자香附子라 부른다. 약재로 쓴다.

보약 효능

월경불순 · 월경통 등에 효과가 큰 여성 묘약(妙藥)이라고 불린다. 월경을 순조롭게 하고 통증을 완화시킨다. 가슴이 답답하고 옆구리가 쑤시며 위통 · 복통 등의 증상에도 좋고, 신경 불안정에 따른 신경성 가슴앓이 · 만성 위기능 쇠약 · 신경성 소화불량에 효과가 있다.

향부자닭내장전골

보약 음식으로 만드는 궁합 재료

① 향부자 10~12g
② 닭 내장류(똥집, 콩팥, 알, 계내금, 간 등 여러 가지일수록 좋다) 600g
③ 양파 2개, 우엉 1개, 나물(참나물, 취나물 등) 1단, 곤약 2단, 튀긴 두부 1/2모, 술 2~3잔 ※나물 대신 미나리 1/3단을 써도 좋다.
④ 양념류(다진 마늘, 고춧가루, 생강, 후춧가루, 된장, 소금 등)

만드는 법

1) 향부자를 잘게 썬다. 물을 넣고(2컵 정도) 약한 불에 1시간 정도 끓여서 달인 물이 반량이 되면 그 물을 받아 둔다.(건더기는 버린다)
2) 닭 내장을 각각 다듬어 먹기 좋을 만큼 썬다.
3) 우엉을 채를 쳐서 물에 담구어 우린다. 나물은 먹기 좋을 만큼 자른다. 곤약은 끓는 물에 살짝 데쳐 3토막으로 잘라 펴 놓는다.
4) 준비한 닭 내장을 먼저 넣고 야채류를 그 위에 펴고 술을 조금 친다. 그 다음 향부자 달인 물을 붓고, 물을 부은 다음 된장 · 소금 · 설탕 등으로 간을 한다.
5) 센 불로 끓여서 다 익으면 약한 불로 하여 양념을 하면서 조금 더 끓인다.
※ 국물과 건더기를 모두 먹는다.
※ 향부자닭내장전골은 여성을 위한 건강 요리이다. 여성의 신경 안정과 체력 강장에 좋다.

'바다의 인삼', 정력 강장제로 쓰이는 해삼

극피동물 해삼류에 속한다. 짧은 오이 모양이며, 부드러운 몸체이다. 몸 앞에 입이 있는데, 입 주위의 촉수로 먹이를 잡아먹는다. 배 쪽에 운동 다리가 5줄 있고 피부에 미세한 골편이 있는 것이 특징이다. 날로 먹거나 요리에 응용된다. 내장은 젓을 담근다.

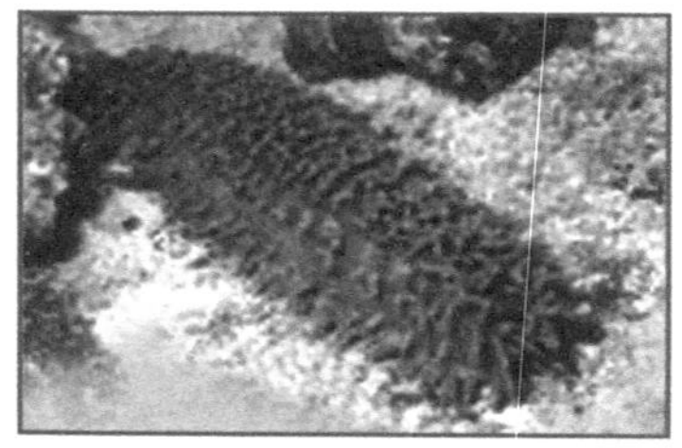

보약 효능

해삼은 대부분 수분(약 90%)이고 회분의 함량이 많다. 한방에서는 해삼을 정력 강장제로 쓴다. 신장을 튼튼히 해 주고 기운을 돋우기 때문이다. 인삼에 필적한 영양 덩어리라고 해서, 바다의 삼, 즉 해삼이라 한다. 피를 맑게 하고 체액의 생성을 도운다.

해삼진미탕

보약 음식으로 만드는 궁합 재료

① 해삼(붉고 큰 것일수록 좋다) 2~3마리
② 표고 3~4개, 죽순 20g(반 개 정도), 굴 1/3 종지
③ 양념장(대파 다진 것, 생강 다진 것, 간장, 소주 등), 후추 참기름 약간

만드는 법

1) 해삼을 물에 담가 불린 후 1~2cm 두께로 썬다.
2) 표고는 3~4쪽으로 등분을 내고, 죽순을 아주 얇게 썬다.
3) 끓는 물에 해삼 · 표고 · 죽순을 살짝 데쳐 낸다.
4) 프라이팬에 식용유를 두르고 양념장을 볶는다. 소주 1잔을 부어 비린내를 없애는 데 쓴다.
5) 데친 해삼 · 표고 · 죽순을 넣고 물을 부어 끓인다. 다 끓으면 양념장을 넣고 약한 불로 10분 정도 더 끓인다.
6) 마지막에 후추와 참기름, 고춧가루를 넣고 맛을 낸다.
※ 해삼진미탕은 칼슘과 철분이 많으므로 발육기의 어린이와 임산부에게 좋은 음식이다. 간 기능 회복과 술독을 해독한다. 빈혈에도 좋다.
※ 해삼은 호르몬의 분비를 촉진시켜 주므로 각종 요리에 많이 쓰인다. 특히 여성에게 좋다.

살결을 곱게, 모발을 검게, 두뇌의 발달을 돕는 호두

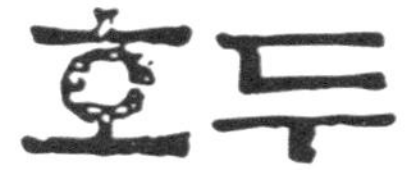

호두나무는 가래나뭇과의 갈잎큰잎큰키나무이다. 높이 10~20m에 이르고 회갈색의 가지가 사방으로 굵게 퍼진다. 잎은 5~7개의 작은 잎으로 된 깃꼴겹잎이며 어긋난다. 자웅동주로 4~5월에 꽃이 피고 10월경 열매(호두)가 익는다. 열매는 식용하고 나무는 가구용으로 쓴다.

보약 효능

단백질과 지방이 풍부하여 자양 강장에 좋은 식품이다. 남자에게는 양기를 돋우고, 여자에게는 미용을 돕는다. 두뇌를 발달시키며, 살결을 곱게 해 준다. 또 머리카락을 검게 해 주는 효능도 있다. 호두기름은 폐암에 좋고, 특히 기침을 멎게 하는 약효가 있다.

호두죽

보약 음식으로 만드는 궁합 재료

① 호두 15~20g
② 멥쌀(백미) 80g
③ 대추, 은행알, 소금 약간

만드는 법

1) 호두를 깐 속 알맹이만을 물에 불려 잘게 만든다.
2) 쌀을 불려 밥을 짓는다. 3) 대추는 잘게 채를 썰고, 은행은 껍질을 벗기고 속 알만을 쓴다.
3) 밥이 다 되면 물을 더 붓고 호두를 넣어 죽을 쑨다. 중간불로 하고 나무주걱으로 잘 저으며 소금 간을 한다. 죽이 다 되면 대추 채와 은행을 죽 위에 올려 조금 더 쪄서 내 놓는다.
※ 호두죽은 자양 강장 식품이며, 간식용으로 좋다. 위장을 편안하게 하고 여성의 미용에도 좋다.
※ 설사를 하거나 대변이 묽으면 먹지 않는다.

● 한방 요법

- 불면증〈호두 생식〉-껍질을 벗긴 호두(속껍질은 그대로) 3~4개를 매일 3차례 식후에 먹으면 효력이 있다.
- 소변이 잦을 때-껍질을 벗긴 호두알을 취침 전에 3~4개씩 따뜻한 물로 하여 씹어 먹는다.

고혈압 · 당뇨병 · 중풍 · 대장암 등에 효과 호박

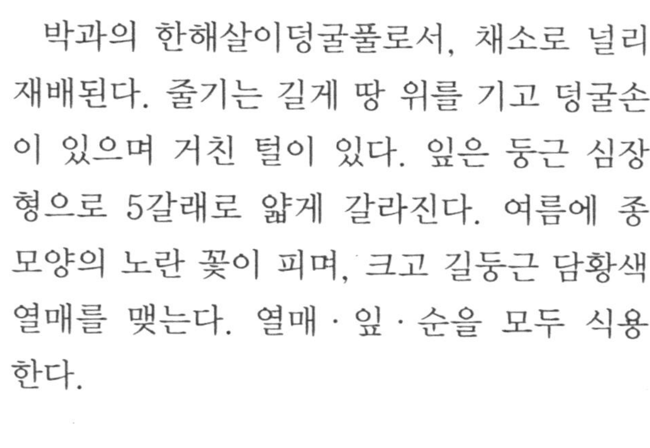

박과의 한해살이덩굴풀로서, 채소로 널리 재배된다. 줄기는 길게 땅 위를 기고 덩굴손이 있으며 거친 털이 있다. 잎은 둥근 심장형으로 5갈래로 얇게 갈라진다. 여름에 종 모양의 노란 꽃이 피며, 크고 길둥근 담황색 열매를 맺는다. 열매 · 잎 · 순을 모두 식용한다.

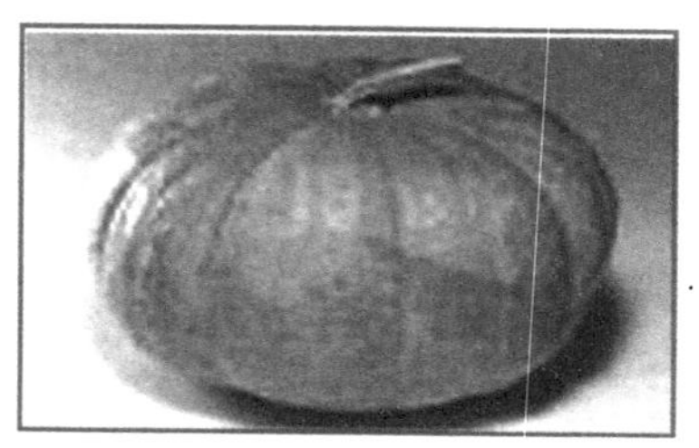

보약 효능

비타민 A와 칼륨이 풍부하여 혈압을 내리는 작용을 하고, 섬유질이 많아 변비 등으로 인한 대장암을 예방하는 효과가 있다. 붉은 호박의 씨는 혈압 강하제로 유명하다. 중풍에 걸리기 쉬운 사람은 호박을 상식하는 것이 좋다.

호박전

보약 음식으로 만드는 궁합 재료

① 호박 적당량(애호박 또는 늙은 호박)
② 쌀가루, 부침가루, 올리브유, 소금 적당량

만드는 법

1) 호박의 껍질을 벗기고 씨를 빼낸다. 적당한 크기로 잘라 강판에 간다.
2) 간 호박에 쌀가루와 부침가루를 넣어 조금 됨직하게 반죽한다. 소금으로 간을 한다.
3) 프라이팬을 달구고 올리브유를 두른 다음 반죽한 호박을 적당한 크기로 떠 놓고 굽는다.
※ 애호박을 통으로 얇게 썰어 밀기루와 달걀물에 묻혀 지진 전으로 해 먹어도 좋다.
※ 호박전은 다이어트 식품으로 좋고, 혈색을 좋게 한다.

● 한방 요법

- 촌충 등 구충제〈호박씨〉-늙은 호박의 씨 10~12g을 가루를 내어 아침 공복에 물에 타 마시면 된다.
- 당뇨병〈호박찜〉-늙은 호박을 통째로 찌든가 삶아서(반드시 설탕을 넣지 않는다) 1개월 정도 먹으면 특효가 있다.

허약 체질의 원기를 돋우고, 보양에 좋은 황기

콩과의 여러해살이풀이다. 키 1m 이상이고 뿌리는 비대하다. 잎은 어긋나며 짧다. 여름에 나비 모양의 담황색 꽃이 피며, 협과를 맺는다. 뿌리는 약용하는데, 땅속에 깊고 넓게 퍼진다. 지름이 1~2cm이고 연한 황색이다. 요즈음 약용으로 많이 재배한다.

보약 효능

황기는 주로 원기를 돋우고, 허약 체질은 보하는데 유용하다. 땀을 많이 흘리는 사람에게 좋고, 살결을 곱게 하는 효과도 있다. 당뇨병 · 만성궤양 · 결핵성 질환 · 원기 부족 · 심장쇠약 등에 효험하다. 특히 혈액의 순환을 왕성하게 한다.

황기삼계탕

보약 음식으로 만드는 궁합 재료

① 황기 20g
② 닭 1마리(영계나 중간 닭)
③ 찹쌀 1컵, 대추 3개, 밤 3개, 인삼 1~2뿌리, 마늘 2통, 생강 1/2쪽
④ 후춧가루, 다진 파, 소금, 술 약간

만드는 법

1) 닭의 배를 갈라 내장을 빼고 물에 담궈 피를 뺀 다음 잘 씻어 물기를 쪽 뺀다.
2) 뱃속에 황기와 찹쌀 불린 것, 인삼 · 대추 · 마늘 · 밤 · 생강을 넣는다. 다리를 오므리고 실로 묶어 뱃속에 넣은 재료가 나오지 않도록 한다.
3) 솥에 닭이 잠길 정도로 물을 붓고 센불로 끓인다. 닭이 익어갈 무렵 약한 불로 1~2시간 더 푹 곤다.
4) 위에 뜨는 기름은 걷어내도록 한다. 술을 2잔 정도 부어 비린내를 없앤다. 닭이 푹 고아지면 닭과 닭국물을 뚝배기 등에 옮기고 3~4분 정도 끓이다가 먹기 전에 파, 마늘, 소금 등으로 간과 맛을 낸다.
※ 황기삼계탕은 여름의 보양식으로 좋다. 허약 체질일 때는 3개월에 1번씩 먹으면 효과가 크다.
※ 열이 많거나 갈증이 심하고 신경질적인 사람은 많이 먹지 않도록 한다.

오장을 보하고, 폐 질환 · 고혈압 · 빈혈을 개선해 주는 황정

황정은 백합과의 여러해살이풀인 죽대의 뿌리이다. 죽대의 뿌리줄기(황정)는 육질이며 마디가 있고 잔뿌리가 많다. 줄기는 30~60cm이고, 잎은 어긋난다. 초여름에 연한 녹색의 꽃이 잎겨드랑이에서 밑으로 처지며 달린다. 어린잎은 식용하고 뿌리는 약용한다.

보약 효능

비위를 돋우는 약효가 있어 강장제로 쓰인다. 당분과 다량의 전분을 함유하여 오래 먹으면 오장을 편하게 하고 천수를 누린다고 본초강목에서 밝혔다. 최근에는 폐 질환이나 고혈압 · 관상동맥 심장병 · 빈혈 · 병후 허약증 등의 질환을 다스리는 데 많이 쓴다.

황정술

보약 음식으로 만드는 궁합 재료

① 황정 200g
② 소주(35° 이상이면 좋다) 1.6ℓ
③ 설탕 150g

만드는 법

1) 황정을 깨끗이 씻어 잘게 썰어 물기를 뺀다.
2) 황정을 용기에 넣고 소주를 붓는다. 이때 미림을 50㎖ 정도 함께 부으면 잘 발효된다.
3) 밀봉하여 시원한 곳에 1개월 정도 보관한다. 1주일에 한번씩 용기를 흔들어 준다.
4) 1개월이 되면 마개를 열고 황정과 술을 체로 걸러 찌꺼기의 90%는 버린다. 나머지 황정 건더기와 술을 다시 용기에 넣고 밀봉하여 1개월 정도 더 숙성시킨다.
5) 1일 2회, 아침 저녁 공복에 소주잔으로 1컵씩을 마신다.

※ 황정에 구기자와 벌꿀을 각각 반량씩 넣어 술을 담가도 좋다. 독특한 향기가 난다.

※ 황정술은 노년기 허약 체질에 효과가 뛰어나다. 피를 맑게 하고 혈당의 수치를 내려가게 한다. 혈관의 탄력성을 높여 피부 노화를 방지하고 주름살을 예방하는 효과도 있다.

건강 보양식 먹거리 365

초판 1쇄 인쇄 2019년 9월 5일
초판 1쇄 발행 2019년 9월 10일

편 저 대한건강개선섭식연구회
발행인 김현호
발행처 법문북스(일문판)
공급처 법률미디어

주소 서울 구로구 경인로 54길4(구로동 636-62)
전화 02)2636-2911~2, **팩스** 02)2636-3012
홈페이지 www.lawb.co.kr

등록일자 1979년 8월 27일
등록번호 제5-22호

ISBN 978-89-7535-782-4 (03590)

정가 18,000원

이 도서의 국립중앙도서관 출판예정도서목록(CIP)은 서지정보유통지원시스템 홈페이지(http://seoji.nl.go.kr)와 국가자료종합목록 구축시스템(http://kolis-net.nl.go.kr)에서 이용하실 수 있습니다. (CIP제어번호 : CIP2019040916)